Fabián Pino Pérez

La exploración y explotación petrolera en México

Fabián Pino Pérez

La exploración y explotación petrolera en México

Con visión de Estado

PUBLICIA

Cover image: www.ingimage.com

Publisher:
PUBLICIA
is a trademark of
International Book Market Service Ltd., member of OmniScriptum Publishing Group
17 Meldrum Street, Beau Bassin 71504, Mauritius

Printed at: see last page
ISBN: 978-3-639-55436-6

Zugl. / Aprobado por: Monterrey, Escuela de Graduados en Administración Pública y Política Pública del Instituto Tecnológico y de Estudios Superiores de Monterrey, Tesis Doctoral, 2011.

CAPÍTULO I.- INTRODUCCIÓN Y OBJETIVOS DE LA INVESTIGACIÓN

I.1.- Introducción

Este capítulo define el concepto de las políticas públicas y los enfoques para entenderlas, además se establece que la política pública es un ciclo y la presente investigación se enfocará a la parte media de dicho proceso qué es el de la formulación y diseño. Las políticas públicas buscan atender problemas públicos, que de acuerdo a Dye (1972), son "cualquier cosa que el Gobierno (entendido como Estado) decida hacer o no hacer" y precisamente este trabajo estudia los elementos (principalmente actores y marco normativo) que inciden en el proceso de formulación y diseño de las políticas públicas de exploración y explotación para la industria petrolera en México desde 1947 al año 2010. Y debido a que en nuestro país al hablar de la industria petrolera es referirse a Petróleos Mexicanos (PEMEX), dado el marco legal que la constitución le brinda de ser el único operador para la extracción de hidrocarburos, se plantea examinar dicho problema de carácter público a través de la subsidiaria PEMEX Exploración y Producción (PEP). Un mayor detalle de los problemas que enfrenta PEP y de por qué se considera que tiene grandes áreas de oportunidad en materia de eficiencia se revisarán en el tercer capítulo, debido a que primero se hará una revisión teórica que ayude al lector a entender la conducta de los actores que participan en la definición de una política pública.

También en este capítulo se determina la pregunta de investigación y la hipótesis que busca responder el cuestionamiento de dicha pregunta, la cual se comprueba a través de los resultados que se muestran en el capítulo cuatro. Además se menciona la justificación de este documento enmarcado en la economía política y se define un objetivo general que tiene que ver con los elementos que inciden en la determinación de las políticas petroleras en nuestro país, así como los cuatro objetivos específicos que están relacionados a dicho objetivo central.

Asimismo se mencionan las razones de haber elegido solamente a PEP para este análisis, dada la amplitud de temas que contempla PEMEX y sus organismos subsidiarios, en donde hay muchas áreas para investigar y proponer lineamientos de mejora.

Para cerrar este capítulo se detalla la metodología a utilizar para comprobar la hipótesis establecida para responder a la pregunta de investigación y en este caso se eligió la investigación cualitativa, por lo que se mencionan las razones para no haber seleccionado la de tipo cuantitativa y finalmente se indican los motivos para seleccionar a los informantes clave y las categorías establecidas para este trabajo.

A lo largo de la presente investigación se mencionarán conceptos reiteradamente, por lo cual es necesario definirlos desde un principio y a continuación se presentan:

Eficiencia: Para términos de esta investigación y de acuerdo a Samuelson (1996) se entiende que la eficiencia significa "que se utilizan los recursos de la economía lo más eficazmente posible para satisfacer las necesidades y deseos de los individuos, es decir la economía produce eficientemente cuando no se puede producir una mayor cantidad de un bien sin producir una menor del otro", o sea que no hay dispendio, o desperdicio en el uso de los recursos.

Sin embargo a esta definición habría que agregarle la característica inter-temporal de la eficiencia, dado que nos interesa que al momento de explorar y producir petróleo se realice sin desperdicio pero además que permita su explotación el mayor tiempo posible, para que genere el mayor flujo de hidrocarburos a través del tiempo debido a que hablamos de un recurso finito.

Ley de la escasez: Se entiende según Samuelson (1996) que "los bienes son escasos porque no hay suficientes recursos para producir todos los bienes que desea consumir la gente", es decir contamos con recursos finitos y deseos ilimitados qué satisfacer.

Costo de oportunidad: De acuerdo a Samuelson (1996) "una decisión tiene un costo de oportunidad porque elegir una cosa en un mundo de escasez significa renunciar a alguna otra. El costo de oportunidad es el valor del bien o servicio al que se renuncia", o sea cada decisión que se toma tiene un costo y ese costo tomará el valor de lo que se pudiera haber hecho u obtenido de no haberla tomado.

La rentabilidad: En este trabajo la entenderemos como la tasa de rendimiento de la inversión o de un bien de capital, es decir que si se invierte un peso y rinde doce centavos en un año, la tasa de rentabilidad o rendimiento anual habrá sido de 12%.

Autonomía de gestión: Según la Auditoria Superior de la Federación (2011) la define como el "Ámbito de libertad conferido a una institución para que pueda ejecutar su presupuesto con miras a cumplir debidamente con el objeto para el que fue creada, para que pueda ejercer sus facultades y alcanzar los objetivos y metas estipulados en las normas que la regulan. Esto significa conferir al órgano suficientes atribuciones para que puedan elegir y realizar sus propios objetivos constitucionales, administrativos o económicos, al margen de cuál haya sido la fuente de su presupuesto".

Así también de acuerdo a la definición de García (2009) la autonomía de gestión de un organismo público "consiste en su capacidad para decidir libremente la administración, manejo, custodia y aplicación de sus ingresos, egresos, fondos y en general, de todos los recursos públicos que utilice para la ejecución de los objetivos contenidos en la Constitución y las leyes".

De acuerdo a PEMEX en su portal electrónico define a la autonomía de gestión como "flexibilizar el marco regulatorio al que esté sujeto a efectos de que tenga mayor libertad en la toma de decisiones y pueda adecuarse oportunamente a condiciones cambiantes, lo anterior se sugiere debido a que ciertas actividades que desempeña PEMEX o PEP, en algunas ocasiones se ven frenadas dado el marco normativo al que están sujetas. La autonomía de gestión sugiere un criterio empresarial enfocado a los intereses de la empresa y a las necesidades de la industria, es decir más ágil y menos burocrático."

En otras palabras las definiciones anteriores nos dicen que la autonomía de gestión le daría libertad a PEMEX para tomar sus decisiones en el momento en que lo requiere.

Transparencia: De acuerdo a Ugalde (2002) podemos entender que la transparencia es "abrir la información de las organizaciones políticas y burocráticas al escrutinio público, mediante sistemas de clasificación y difusión que reducen los costos de acceso a la información del gobierno. La transparencia no implica un acto de rendir cuentas a un destinatario específico, sino la práctica de colocar la información en la vitrina pública para que aquellos interesados puedan revisarla, analizarla y en su caso, usarla como mecanismo para sancionar en caso que haya anomalías en su interior" y según Quintana (2008) si existe transparencia, "aparecen de inmediato los rumbos alternativos, el cuestionamiento, mayor apego a la ley y sobre todo, un mayor cuidado de lo que el gobierno dice y hace".

Rendición de cuentas: Para este trabajo seguiremos la definición de Shedler (2008), el cual menciona que este concepto "incluye por un lado, la obligación de políticos y funcionarios de informar sobre sus decisiones y de justificarlas en público (answerability). Por otro incluye la capacidad de sancionar a políticos y funcionarios en caso de que hayan violado sus deberes públicos (enforcement)", así también establece que "la rendición de cuentas debe apoyarse en un andamiaje cuidadosamente construido de reglas, pero no debe pretender sofocar el ejercicio de poder en una camisa de fuerza regulatoria". En este tema podemos distinguir dos tipos de rendición de cuentas, la horizontal y la vertical que introdujo O'Donnell (1994), el cual establece "que "la rendición "horizontal" se refiere a relaciones de control entre dependencias de Estado, mientras que la rendición "vertical" se refiere a relaciones de control de la sociedad hacia el Estado", de lo anterior podemos rescatar en el tema de la rendición de cuentas la importancia de vigilancia de la sociedad en torno a las políticas públicas que formula el Estado, pero teniendo cuidado de no asfixiar el ejercicio del poder.

Agente: Según Rubinstein (2006) "un agente económico es la unidad básica de operación en muchos modelos, generalmente consideramos que el agente económico es un individuo, sin embargo en algunos otros modelos, se considera como un agente a una nación, una familia o un gobierno. En otras ocasiones, el individuo es disuelto en una colección de agentes económicos, cada uno actuando en circunstancias diferentes y cada uno considerado un agente económico", por ello para esta investigación un agente se puede entender como un individuo, un grupo de individuos, un grupo de empresas, una institución, etc.

I.2- Definición de las políticas públicas

Dado que esta investigación tiene que ver con las políticas públicas en materia de exploración y explotación de petróleo crudo en México, habrá que entender primero que son las políticas públicas y para ello podríamos usar la definición que establece Guerrero (1995) "las políticas públicas son directrices con las cuales los gobiernos buscan dirigir a través de un marco jurídico, a los diferentes agentes (económicos, políticos y sociales) de dicho sector".

Otra forma de entender el concepto de política pública, la cual es la que tomaremos como definición principal para este trabajo es como la establece Cabrero (2003) "como una acción que vincula a un conjunto de actores gubernamentales y no gubernamentales, que participan en la atención de un problema público."

Lo anterior se trata de una definición que involucra:

- Un espacio de lugar y de tiempo en el que concurren actores gubernamentales y no gubernamentales con algún grado de pluralidad.
- Un proceso complejo a través del cual se da entrada a un conjunto de problemas públicos que se consideran pertinentes, de acuerdo a los actores gubernamentales y no gubernamentales.
- Agentes económicos, políticos y sociales, que despliegan su capacidad de influencia o de presión.

Existen diferentes enfoques respecto a la forma en que se entiende que las políticas públicas están diseñadas, uno de ellos es que son construidas por agentes gubernamentales que actúan de manera autónoma de las presiones de los grupos sociales; otros se orientan en lo que sucede en la sociedad, por lo tanto las políticas serán el resultado de los acuerdos y conflictos entre diferentes grupos sociales y serán estos quienes moldearán los productos gubernamentales, pero para fines de esta investigación, tomaremos la última perspectiva, en la cual una política pública será construida por agentes gubernamentales (dependencias de los tres niveles de gobierno) y no gubernamentales (por ejemplo las organizaciones civiles), dado que es una visión más amplia e incluyente.

Siguiendo la idea de Cabrero (2003) la política pública es también un proceso que se desenvuelve por etapas y con una dinámica propia, cada una de ellas posee actores, restricciones, decisiones, desarrollos y resultados que se van afectando mutuamente. A continuación se presenta el proceso de una política pública:

El ciclo y desarrollo de una política pública se integra por las siguientes acciones:

Figura 1.1, Fuente: Elaboración propia basado en la definición de Cabrero (2003).

En la figura 1.1. podemos observar que según la definición de Cabrero (2003) en el proceso de una política pública una vez que se ha identificado un problema público relevante y después que diferentes actores han decidido establecerlo en la agenda pública, el siguiente paso y en el cual nos centraremos en esta investigación es la parte de la formulación y diseño de la política pública, la cual es una etapa en la que las instancias gubernamentales administrativas tratarán de trasladar los deseos e intenciones en productos jurídicos del sistema político.

Dicha etapa implica el desarrollo pertinente y aceptable de cursos de acción, usualmente llamados alternativas, propuestas u opciones efectivas y aceptables, para lidiar con los diversos asuntos de importancia pública.

Así también de acuerdo a Cabrero (2003) en esta etapa los actores involucrados (los que tienen poder de decisión), posiblemente enfrentarán varias opciones de política pública para un problema, e inclusive algunos tratarán de elaborar la suya (iniciativas de leyes, decretos, reglamentos, etc.).

Es así como una formulación efectiva de la política pública implica que esta contenga resultados relevantes con las siguientes características:

- Válida (que no tiene restricciones legales),
- Eficiente (en términos de costos de llevarla a cabo),
- Implementable (presupuestal y logísticamente)

Por su parte una formulación aceptable involucra las siguientes características:

- Autorizable (por la autoridad inmediata)
- Aprobarse con mayoría (facilidad de aprobación)
- Políticamente posible (obstáculos mayores no presentes)

Asimismo una fase especial que se puede considerar como la parte final de la etapa de formulación de políticas es la fase de diseño, la cual implica que un actor oficial o cuerpo regulatorio, adopta, modifica o rechaza una alternativa preferida de acción que viene del inicio de la etapa de formulación; es en este espacio en el que se enfrenta el reto del poco tiempo para la deliberación y análisis de alternativas, debido a los tiempos políticos (periodos de sesiones de las legislaturas).

A medida que la etapa de formulación de políticas traslada una alternativa de acción hacia la etapa de diseño, la negociación se incrementa, al igual que el debate y la alternativa puede sufrir modificaciones, otras características son aceptadas y otras más serán rechazadas. Es aquí donde los diferentes grupos de presión y con poder de veto modificarán las propuestas de acuerdo a sus intereses, lo que podría generar políticas públicas con nula probabilidad de éxito, por ello la importancia de tener en cuenta el contexto de los diferentes intereses que se verán afectados con la aceptación de una política pública.

El análisis de las políticas públicas.

De acuerdo a Aguilar (2009) la decisión pública se puede estudiar en dos grandes dimensiones, en la calidad institucional de la decisión la cual tiene que ver con los valores públicos reflejados normalmente en la Constitución y la calidad técnica que está relacionada a la elección de las acciones más eficaces y eficientes.

Estas dos dimensiones son interdependientes y complementarias y la eficacia pública de un gobierno solo se logra al unir a las normas jurídicas y las normas empíricas (reglas no escritas e informales basadas en la experiencia a través del tiempo y son tomadas como funcionales) y si esto no se logra el marco jurídico vigente se convierte en un factor que frena y obliga a los gobiernos a realizar acciones socialmente improductivas.

Lo anterior es particularmente relevante en el sector petrolero en nuestro país donde el valor que le otorgan los mexicanos al tema de los hidrocarburos, se encuentran enunciado en los artículos 25, 27 y 28 de la Constitución Política de los Estados Unidos Mexicanos (CPEUM), es decir le da un carácter estratégico.

I.3.- Planteamiento del problema

La presente investigación establece un problema público el cual tiene que ver con las políticas públicas (su régimen fiscal, marco jurídico, etc.) en materia de exploración y explotación petrolera en México, dado que Petróleos Mexicanos representa un organismo descentralizado relevante para la economía mexicana, principalmente porque los tres niveles de gobierno dependen de PEMEX para balancear sus finanzas (como se muestra en la gráfica 1.1), por ello establece un pesado régimen tributario a dicho organismo.

En este sentido los tomadores de decisiones, es decir los actores que generan las políticas de exploración y explotación petrolera no tienen incentivos ni tampoco el interés en cambiar el estatus quo para otorgar a PEP una autonomía presupuestaria sujeta a transparencia y rendición de cuentas.

Ante esta situación la producción de petróleo crudo y la tasa de restitución de reservas han caído en los últimos años, dada la insuficiencia de recursos destinados a PEP y destinados para esos fines, lo cual podría ocasionar una crisis de abasto de energía y de ingresos petroleros para el país en el corto plazo, en tal contexto esta investigación propone una solución alternativa a PEP para enfrentar dichos retos, los cuales le generan ineficiencia y la pérdida de una mayor rentabilidad a este organismo.

Ingresos petroleros como proporción de los ingresos del sector público en México

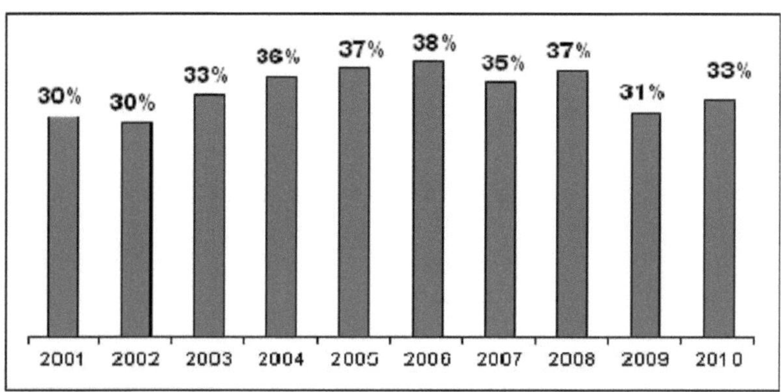

Gráfica 1.1., Fuente: Elaboración propia con datos de la SHCP, 2011.

En la gráfica 1.1. se observa que en los últimos 10 años entre 30 y 40 centavos de cada peso que ingresó al gobierno federal fueron generados por PEMEX.

De acuerdo al documento "Estrategia Nacional de Energía 2010" publicado por la Secretaría de Energía, en el año 2009 se destinó la cantidad de 224.8 mil millones de pesos para PEP, representando el 89.7% de la inversión total en PEMEX, sin embargo como podemos observar en la gráfica 1.2 solo una parte pequeña se destinó a exploración (área sombreada en color verde oscuro), la mayor parte se fue a producción.

Los resultados al año 2010 en restitución de reservas y en la plataforma petrolera, son reflejo de las políticas públicas no de hoy ni de hace seis meses, sino de hace 10 o más años, como lo muestra la tasa anual de crecimiento compuesto de la exploración manifiesta en la década de los 90´s, la cual fue incluso negativa.

Inversión destinada a PEMEX Exploración y Producción

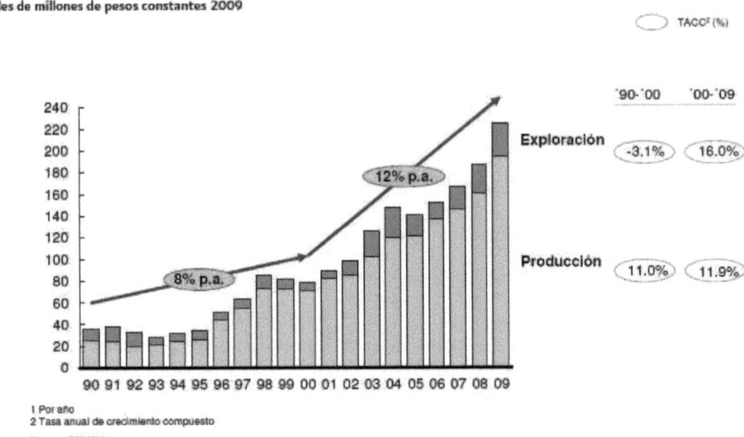

Gráfica 1.2, Fuente: Estrategia Nacional de Energía, disponible en la página electrónica de la Secretaría de Energía.

Debido a la falta de inversión en exploración en los últimos años, el nivel reservas de petróleo crudo ha venido disminuyendo de una manera importante, como se puede observar en la gráfica 1.3 que se presenta a continuación:

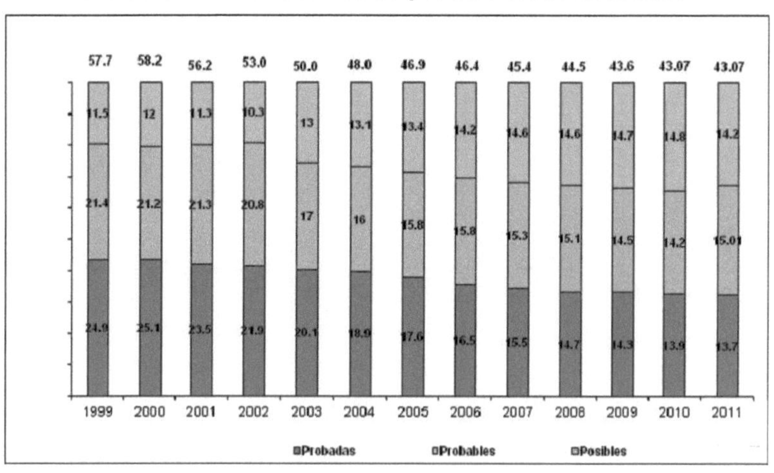

Gráfica 1.3, Reservas al 1 de enero de cada año.

Miles de millones de barriles de petróleo crudo equivalente.

Nota: Las sumas pueden no coincidir por redondeo.

Fuente: Reporte de reservas de hidrocarburos, PEMEX.

Como podemos observar en la gráfica 1.3 mientras que en el año 2003 las reservas probadas eran de 20.1 miles de millones de barriles de petróleo crudo equivalente (mmmbpce), lo que correspondía a 13 años de producción, en 2008 éstas eran sólo 14.7 mmmbpce, lo que significa que el país cuenta con reservas probadas para 9.2 años a los ritmos actuales de extracción.

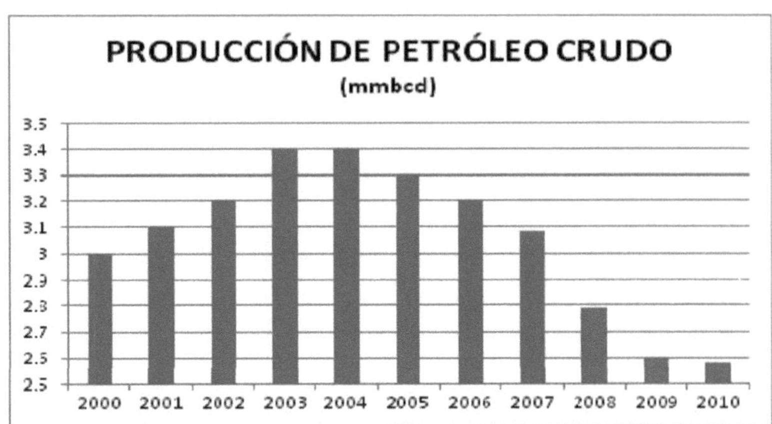

Gráfica 1.4, Fuente: Elaboración propia con información datos de la sección de Relación con inversionistas de la página electrónica de PEMEX a mayo de 2011

Mmbcd: Millones de barriles de crudo diarios.

De acuerdo a la sección PEMEX en cifras publicada en la página de internet de PEMEX (a mayo de 2011), podemos observar una caída en la producción de petróleo crudo al pasar de 3.3 millones de barriles diarios (mmbd) en el año 2005, a 2.58 mmbd para el año 2010, es decir una caída del 32% como consecuencia obligada del agotamiento progresivo del activo Cantarell y de la insuficiente inversión en exploración y desarrollo.

Los datos presentados podrían expresarse de la siguiente manera: ante el contexto institucional actual y de mercado se continúan generando políticas públicas (fiscales y jurídicas) en materia de exploración y explotación petrolera en México sin una visión de largo plazo, es decir el problema que tenemos es que la carencia de autonomía, transparencia y rendición de cuentas impide que PEMEX-PEP incremente su eficiencia y rentabilidad.

Por ello este trabajo busca determinar ¿qué elementos inciden de manera directa o indirecta para que el Estado opte por continuar con la misma política pública en materia de exploración y explotación petrolera en México?, es decir busca identificar los factores que inciden en el proceso de diseño y formulación de las políticas públicas para PEMEX Exploración y Producción (PEP), así como los diferentes actores que guiados por su racionalidad económica o política establecen sus decisiones.

Así también esta investigación estudia la economía política de la regulación de la exploración y explotación de petróleo en México, tomando la definición de economía política según Weingast y Wittman (2006), como la disciplina de las ciencias sociales que estudia la interrelación entre los procesos e instituciones políticas y económicas en un entorno determinado.

I.4.- Pregunta de investigación

Podemos identificar que estamos ante un problema de carácter público que por su relevancia merece estar en la agenda gubernamental y que debe ser atendido por las instancias correspondientes.

Como se verá más adelante, dada la importancia del sector hidrocarburos en la generación de energía primaria y lo que representa para el país la paraestatal Petróleos Mexicanos (PEMEX) y a su vez la relevancia del organismo subsidiario PEMEX Exploración y Producción (PEP), para este trabajo se ha definido la siguiente pregunta de investigación: *¿Qué necesita México para generar políticas públicas que conviertan a PEP en un organismo descentralizado más eficiente y rentable?.*

I.5.- Hipótesis

Para responder a la pregunta del párrafo anterior se establece una hipótesis, la cual se buscará comprobar en este trabajo como una posible solución alternativa para lograr contar con un organismo más eficiente y rentable. Dicha hipótesis consiste en sostener que:

"Dotar de autonomía de gestión, así como de un marco normativo que genere en PEP una mayor transparencia y rendición de cuentas logrará que este organismo descentralizado tenga un mejor desempeño en la exploración y explotación de petróleo crudo, es decir que sea más eficiente y rentable".

Se menciona el concepto de autonomía de gestión para los actores gubernamentales porque se plantea que constituye una variable explicativa importante a tener en consideración al momento de analizar qué actores pueden generar políticas petroleras consistentes en el largo plazo, entendiendo como largo plazo las decisiones de política pública que trasciendan la administración sexenal del gobierno federal.

Es importante recordar que las decisiones públicas no están exentas de tener el sesgo del tomador de decisiones (Stigler 1971, Peltzman 1976), así como de la presión de los grupos de interés (Buchanan y Tullock 1962). Por lo anterior podemos decir que las decisiones de políticas públicas son producto de la interacción de los grupos de interés y los tomadores de decisiones que buscan satisfacer intereses particulares (económicos ó políticos) y maximizar su utilidad individual. Por ello se pretende comprobar que la transparencia, la rendición de cuentas y la autonomía de gestión, ayudarían a aislar en cierto grado de las presiones de intereses externos, las decisiones que tome el operador o incluso el organismo regulador.

I.6.- Justificación de la investigación

Esta investigación es relevante desde el punto de vista de la economía política, dado que se buscarán respuestas a diversas preguntas relacionadas a dicha disciplina, como por ejemplo:¿Cómo aislar a los tomadores de decisiones en el sector de exploración y explotación petrolera de las presiones de los grupos de interés y de otros actores?, ¿Qué papel juegan las instituciones (legislativo, ejecutivo y judicial), en el comportamiento de los grupos de interés y en los tomadores de decisiones?.

El enfoque de esta problemática está basado en el análisis de Samuelson (1996) de la economía positiva, -la cual evita juicios de valor sobre la economía, a diferencia de la economía normativa que trata de cómo deberían ser las decisiones económicas-, así como en la teoría de la elección racional donde cada agente (actores, instituciones, tomadores de decisiones, etc.) es un ente racional, que busca maximizar sus propios beneficios y no necesariamente sus incentivos estarán alineados a los que más le convienen a la organización, en este caso al organismo descentralizado con fines productivos Petróleos Mexicanos (PEMEX); así también se busca explorar los actores que inciden en la toma de decisiones de los reguladores que definen las políticas públicas, sujetos a las reglas institucionales y legales vigentes.

I.7.- Objetivo general y específicos

El objetivo general de esta investigación es analizar los elementos que inciden en la definición de las políticas petroleras en nuestro país (1947-2010) y se busca identificar qué se necesita para que PEP sea más rentable y eficiente, es decir qué factores afectan o inciden sobre los tomadores de decisiones que diseñan y formulan las políticas públicas en materia de exploración y explotación de petróleo en México.

Partiendo de este objetivo general se establecen cuatro objetivos específicos que ayudarán en la consecución de dicho objetivo central.

En cuanto a los objetivos específicos se contemplan los siguientes:

- Analizar los mecanismos utilizados por los diferentes actores para influir en la operación petrolera y la interrelación entre ellos.
- Analizar el marco institucional y legal del sector petrolero y su impacto en el comportamiento de los diferentes actores.
- Identificar los mecanismos que se pueden utilizar para maximizar o neutralizar las decisiones de los agentes que determinan las políticas públicas para la exploración y explotación de crudo.
- Proponer una alternativa de lineamientos de política pública que coadyuven a PEP a convertirse en una empresa más rentable y eficiente.

I.8.- Justificación del caso PEMEX Exploración y Producción

La justificación de seleccionar el caso de la subsidiaria PEP tiene que ver con su importancia para la economía mexicana, la seguridad energética, las finanzas del sector público, el bienestar social y como factor político e incluso simbólico en nuestro país. En el capítulo III se realiza una explicación más amplia de la importancia de PEP y de PEMEX para México.

Se argumenta acotar el presente estudio a PEP debido a su importancia como: factor estratégico dentro del proceso de PEMEX (determinación y restitución de los diferentes tipos de reservas), como factor de requerimientos tecnológicos y de capital humano (se requiere personal muy especializado en esta industria y normalmente se utilizan con alto grado de innovación) y porque se encuentra relacionada al futuro y sustentabilidad de la petrolera.

Es importante señalar que este trabajo se enfoca a analizar a la industria de la exploración y explotación del petróleo crudo, como un ejemplo de los retos que limitan su sustentabilidad y que pueden ser trasladados a temas como el gas natural, el gas grisú, el shale gas o gas lutita, etc.

1.9.- Metodología de la investigación

Se utilizará la metodología de la investigación cualitativa debido a que este trabajo esta relacionado con las decisiones de orden político y de comportamiento humano de los diferentes actores que inciden de manera importante en PEP, por lo cual es primordial entender la parte cualitativa relacionada a este problema público dado el contexto cultural y la heterogeneidad del sector petrolero mexicano.

Algunas de las razones para no elegir en este trabajo el utilizar el análisis cuantitativo y estadístico es que caracteriza a cualquier fenómeno social como un agregado de actores racionales; es decir los considera homogéneos lo cual no necesariamente es cierto en el contexto de esta investigación y además como establece Vela (2008) el análisis cuantitativo "no considera las complejas interdependencias inherentes a la vida social de cada individuo, o de los motivos y de las orientaciones psicosociales que inciden en el comportamiento social de los individuos".

De acuerdo a Flick (2007) en los métodos cuantitativos "se han utilizado principios rectores de la investigación y de la planificación de la investigación para los propósitos siguientes: aislar claramente las causas y los efectos, operacionalizar adecuadamente las relaciones teóricas, medir y cuantificar los fenómenos, crear diseños de investigación que permitan la generalización de los hallazgos y formular leyes generales"; sin embargo a pesar de contar con todos los controles metodológicos en la investigación y sus hallazgos, intervienen los intereses y el fondo social y cultural de los involucrados.

Así también según Flick (2007) es necesario "diseñar métodos tan abiertos que hagan justicia a la complejidad del objeto en estudio, donde el tema en estudio es el factor determinante para escoger un método y no al revés. Los objetos no se reducen a variables individuales, sino que se estudian en su complejidad y totalidad en su contexto cotidiano, es decir los campos de estudio son las prácticas e interacciones de los sujetos en la vida cotidiana".

Y en la presente investigación dado el tamaño, la importancia, el número de actores y el marco normativo en el que está inmerso PEP, es éste sin duda un objeto de estudio con muchas aristas que requiere de un conocimiento profundo de sus implicaciones, no sólo económicas, sino también de relaciones sociales, históricas y políticas, por tales motivos se eligió la metodología cualitativa para el estudio de PEP.

La entrevista cualitativa es una opción alterna a los métodos estadísticos, los cuales como establece Boudon (1962) están "amparados en una pretensión de objetividad, convierten a los sujetos en objetos pasivos sin consideración del contexto social en que se desenvuelven".

En este sentido también Flick (2007) menciona que "a diferencia de la investigación cuantitativa, los métodos cualitativos toman la comunicación del investigador con el campo y sus miembros como una parte explícita de la producción de conocimiento" y que "la investigación cualitativa estudia el conocimiento y las prácticas de los participantes, por lo que se convierte en un proceso continuo de construcción de versiones de la realidad".

Para esta investigación la metodología cualitativa tiene el propósito de:

- Entender la realidad social y manera de pensar de los principales actores involucrados en este problema de economía política.
- Establecer categorías de los puntos de vista de los diferentes actores.
- Identificar las coincidencias en los incentivos para los distintos actores así como para el órgano regulador, con el propósito de influir en el comportamiento de dichos actores que genere condiciones de mayor rentabilidad y eficiencia para PEP.

De acuerdo a Corbin y Strauss (2002) la llamada investigación cualitativa ha sido utilizada por los investigadores –principalmente en la sicología y la sociología- para entender el funcionamiento organizacional y el comportamiento de los individuos y establecen que "Este tipo de análisis se refiere al análisis no matemático de interpretación, con el propósito de descubrir conceptos y relaciones en los datos brutos y luego organizarlos en un esquema explicativo teórico y dichos datos pueden consistir en entrevistas", tal y como se realiza en este trabajo.

Según Vela (2008) el método de investigación cualitativa pone énfasis en la "visión" de los actores dado el contexto en que se desarrollan las relaciones sociales de dichos actores y también se le puede considerar como "una estrategia encaminada a generar versiones complementarias de la reconstrucción de la realidad".

Dentro de la investigación cualitativa existen diversas técnicas de recolección y análisis de información (encuestas, focus group, etc.), una de ellas son las entrevistas la cual según Vela (2008) "es una técnica orientada a definir problemas y a elaborar explicaciones teóricas desde los procesos sociales mismos".

En relación a esta forma de recolección de datos de acuerdo a Flick (2007) "las entrevistas son un medio para recopilar información y a su vez generan datos que se transforman en textos por el registro y la transcripción y a partir de estos textos, se inician los métodos de interpretación", es decir las entrevistas constituyen datos importantes a partir de los cuales se puede realizar análisis para el estudio de un problema.

Según Vela (2008) dentro de las limitaciones que tiene la entrevista cualitativa es que no siempre se podrá afirmar que "el descubrimiento de los aspectos claves conducirán a un conocimiento generalizable". Asimismo de acuerdo a Taylor y Bodgan (1998) otra desventaja de las entrevistas es que son susceptibles de producir las mismas falsificaciones que caracterizan el intercambio verbal entre cualquier tipo de personas y puede que exista una discrepancia entre lo que la gente dice y lo que realmente hace ante distintas situaciones. Pero aún así (Idem) "pocos investigadores propugnarán el abandono de las entrevistas como enfoque básico para estudiar la vida social".

Aunque existen diferentes enfoques (etnográfica, antropológica, etc.) para realizar una investigación cualitativa (Cassel y Symon 1994, Kvale 1938, Westbrook 1994), podemos mencionar que necesariamente debe tener 3 componentes:

a) Los datos (en este caso las entrevistas),

b) Los procedimientos utilizados para interpretar y organizar los datos, es decir elaborar categorías y relacionarlas entre sí y

c) Los informes finales con los hallazgos encontrados.

Ahora bien el primer componente son los datos fueron recolectados a través de la entrevista cualitativa y como lo establece Vela (2008) se pueden clasificar en tres grandes arquetipos: las estructuradas, las semiestructuradas y las no estructuradas y su uso dependerá del tipo de información que se desea obtener.

De forma muy breve se describe cada tipo:

a) Entrevistas estructuradas: De acuerdo a Fontana y Frey (1994) "un entrevistador pregunta a cada entrevistado una serie preestablecida de preguntas con un conjunto limitado de categorías de respuestas. Las respuestas son registradas de acuerdo con códigos determinados por el propio entrevistador y todos los entrevistados reciben el mismo conjunto de preguntas, en el mismo orden".

Para el objeto del presente estudio este tipo de entrevista cualitativa limita el nivel de profundidad en la información que se requiere.

b) Entrevistas no estructuradas: Conforme a Vela (2008) en ellas si hay profundidad y libertad pero no hay una lista de preguntas establecidas con relación al orden en que son planteadas, es decir es una conversación libre.

   Para el presente documento esta forma de entrevista podría haber hecho que dada la amplitud de los temas y la experiencia de los informantes clave se perdieran en demasiada información que si bien pudiera ser valiosa, no necesariamente obtendría los datos que se persiguen para los propósitos de esta investigación, lo cual se traduciría en un desperdicio de tiempo tanto para los entrevistados como para el investigador.

c) Entrevistas semiestructuradas: Según Bernard (1988) este tipo de entrevistas "son más útiles en situaciones en las que no existen buenas oportunidades para entrevistar a las personas, como por ejemplo para interrogar burócratas o miembros elite de cierto grupo, es decir personas que tienen poco tiempo, en ellas se tienen temas o preguntas preestablecidas, lo cual demuestra que el entrevistador está preparado y es competente sobre lo que le interesa de la entrevista, en resumen la conversación se enfoca en un tema particular, pero le proporciona al informante (entrevistado), la libertad suficiente para definir el contenido de la discusión".

Es precisamente la entrevista de tipo semiestructurada la seleccionada para este trabajo, debido a que la mayor parte de los informantes clave que se seleccionaron ocupan puestos directivos o gerenciales y disponían de poco tiempo para la entrevista.

Según Flick (2007) la guía de la entrevista en el tipo semiestructuradas "se caracteriza por la introducción de áreas temáticas y por la formulación deliberada de preguntas a partir de teorías científicas sobre el tema (en las preguntas dirigidas por hipótesis)", es decir se deben mencionar las áreas temáticas de interés para el estudio, cada una de ellas se introducirá por medio de una o algunas preguntas abiertas y dichas preguntas serán guiadas por la teoría y la hipótesis que es el caso que ocupa para la presente investigación.

Asimismo parte importante para cualquier entrevista es que debe ser precedida por una investigación preliminar acerca del tema a tratar para darle seriedad al trabajo, así como de una definición de las personas que serán objetivo de ella y como establece Vela (2008) "es fundamental considerar los patrones de interacción del grupo de individuos de interés, tratando con ello de asegurar la calidad de selección de los informantes, a diferencia de los procedimientos con muestreos estadísticos, se hace un muestreo de tipo teórico, siguiendo un proceso de acumulación de entrevistas adicionales hasta lograr un "punto de saturación", en el cual el investigador considera que ha captado todas las dimensiones de interés, de manera tal, que los resultados provenientes de una nueva entrevista no aportan información de relevancia a la investigación" y para esta investigación se buscó tener la opinión de los principales actores que inciden en la política petrolera en México, tanto gubernamentales como no gubernamentales, encontrando que con las 30 opiniones obtenidas la aportación de información relevante de una entrevista adicional ya era marginal.

En este tema del muestreo y elección del número de informantes clave a entrevistar Schwartz y Jacobs (1979) mencionan que "en el muestreo teórico el número real de casos estudiados es relativamente poco importante, lo que es relevante es el potencial de cada caso para ayudar al investigador a desarrollar ideas dentro del área de la vida social que está siendo estudiada", por lo anterior es importante tener en cuenta el tipo de información que se desea, el tiempo del que se dispone y la facilidad para obtener las citas con los informantes clave.

En este orden de ideas Vela (2008) menciona que en la investigación cualitativa la validez y confiabilidad asumen formas distintas a las acostumbradas en la investigación cuantitativa, en la primer técnica se busca lograr un mínimo de entendimiento de la estructura narrativa generada por los informantes clave y además argumenta "que el conocimiento general en la entrevista es por sí mismo auténtico y acorde a las realidades descritas por los entrevistados, hecho que les impone su carácter científico".

Ahora bien ya que se cuenta con los datos (o transcripción de las entrevistas) es necesario interpretarlos y para ello se recurre a una codificación y categorización, o como menciona Flick (2007) "al análisis de las estructuras secuenciales en el texto".

En relación a la forma en que se eligieron a los informantes clave podemos mencionar que fueron seleccionados de acuerdo a la relación económica, social, política o normativa que tienen o tuvieron con PEP.

A continuación se presentan las categorías establecidas para determinar a los informantes clave y los criterios con los que fueron seleccionados:

a) Legisladores de las Cámaras de Diputados y Senadores

Determinan las reglas del juego para el Ejecutivo y para PEMEX, autorizan cada año el presupuesto propuesto por SHCP y presentado por PEMEX y PEP, además establecen año con año la Ley Federal de Derechos así como el Presupuesto de Egresos de la Federación, en otras palabras tienen gran influencia dada su facultad de crear o eliminar leyes o reglamentos así como fijar los montos de inversión que se le designarán a PEMEX y a sus subsidiarias.

b) Expresidentes del Consejo de Administración de PEMEX, Exdirectores Generales de PEMEX y Exdirectores Generales de la Comisión Federal de Electricidad.

Tienen la experiencia de cómo se toman las decisiones en PEMEX y PEP y pueden señalar que actores influyeron más cuando ellos estuvieron en dicha posición, así como los factores que detienen a la empresa y que se podría hacer para que sea más eficiente.

c) Exgobernadores

Cuentan con la visión del grupo político que depende en gran medida del bueno o mal desempeño de PEP y de PEMEX y donde algunos de ellos en sus entidades federativas cuentan con instalaciones o trabajos de alguna índole por parte de dichos organismos.

d) Exfuncionarios de las Secretarías de Energía, Hacienda, Economía y Relaciones Exteriores.

Tienen la experiencia y el conocimiento de los actores que inciden en PEP y qué beneficios obtienen de dicho organismo.

e) Funcionarios de PEP

Tienen conocimiento de las condiciones de contratación antes y después de la implementación de la Reforma Energética de 2008, podrían identificar áreas de mejora y señalar que se debería modificar para aprovechar dichas oportunidades.

f) Funcionarios de la Presidencia de la República

Identifican la relación entre la Oficina de la Presidencia de la República con el Consejo de Administración de PEMEX, SENER y PEP, así como los mecanismos para ejercer influencia sobre PEP. Cuentan con una visión global del funcionamiento del gobierno federal y su entramado ó tejido burocrático, además conocen los conflictos internos que inhiben que fluyan los cambios en la empresa.

g) Investigadores de diversas universidades públicas y privadas

Expertos en la situación técnica, financiera y operativa de PEP, así como de las experiencias de empresas petroleras estatales de otros países.

h) Consejeros de empresas de tecnología petrolera transnacionales

Poseen la experiencia de participar en un Consejo Directivo Internacional donde los incentivos se alinean a los mayores beneficios para la empresa, además son conocedores profundos de PEMEX y PEP, así como del funcionamiento y conformación de los Consejos de grandes empresas transnacionales relacionadas al sector petrolero.

i) Consejeros Profesionales de PEMEX y PEP

Cuentan con una visión estratégica así como información privilegiada de PEP y PEMEX, son un producto de la Reforma Energética de 2008 y poseen el incentivo que dicha

Reforma sea exitosa, además conocen de los retos actuales de la implementación de dicha Reforma y podrían identificar a los actores, los mecanismos y los obstáculos que frenan a PEP.

j) Comisionados de organismos reguladores

Poseen una visión desde otro punto de vista de la cadena de hidrocarburos además del conocimiento del papel que debe tener un organismo regulador.

k) Exasesores en materia de petróleo de fracciones parlamentarias

Críticos de la política oficial en materia de hidrocarburos, usualmente son un contrapeso a dicha política y poseen un conocimiento formal de la situación actual de PEMEX y PEP.

i) Extrabajadores de PEP y PEMEX

Críticos desde el punto de vista técnico de la política de la exploración y explotación de petróleo, principalmente son jubilados de PEP y de PEMEX que están muy atentos y participan en debates en relación a lo que pasa con PEP, además poseen información y experiencia privilegiada que les da una calidad técnica importante.

La guía de preguntas para la entrevista semiestructurada[1].-

Ya que se definieron las categorías para elegir a los informantes clave y las razones por las que fueron seleccionados, ahora mencionaremos los criterios para construir la entrevista semiestructurada la cual se elaboró buscando obtener una concordancia entre los datos que los informantes seleccionados podrían mencionar dada su experiencia y su conocimiento del sector petrolero en México y las siguientes áreas temáticas:

I.- Identificar a los actores más relevantes relacionados a PEP, su grado de incidencia y los beneficios que obtienen de la situación actual.

En esta primer área temática se establecen subtemas como actores, racionalidad económica, buscadores de rentas.

---

[1] La lista de preguntas se encuentra en el Anexo 1.

II.- Identificar cuáles son los retos que enfrenta PEP, ¿que lo frena?.

En esta segunda área temática se buscan subtemas como actores con poder de veto, costos de transacción y teoría del monopolio.

III.- Ubicar a la transparencia, rendición de cuentas y autonomía de gestión en torno a PEP.

En esta tercer área temática se busca identificar subtemas como riesgo moral, selección adversa, costos de transacción y eficiencia.

IV.- ¿Cuáles han sido los cambios de la Reforma Energética de 2008?.

Aquí se tratan subtemas como los recursos escasos, costos de oportunidad, e institucionalismo.

V.- ¿Cuál será el futuro de PEP?.

En esta quinta área temática se trata de identificar subtemas como corto, mediano y largo plazo y racionalidad económica.

VI.- ¿Cuáles serán los incentivos para lograr una mayor eficiencia en PEP y como los actores los obtendrán?.

En esta sexta área temática se busca identificar subtemas como competitividad, provisión de bienes públicos, e incentivos.

En el capítulo IV de este trabajo se presenta el análisis de las entrevistas semiestructuradas aplicadas a los informantes relevantes, esquematizadas por categorías (ó áreas temáticas) y subtemas, así como los hallazgos más importantes que busquen comprobar la hipótesis planteada y con ello contestar la pregunta de investigación de esta tesis.

Finalmente después de haber establecido los lineamientos generales de la presente investigación, en el siguiente capítulo se abordará desde el punto de vista teórico lo que han escrito diversos autores acerca del comportamiento de los actores, de la elección racional, de las instituciones, de los grupos de interés y de la regulación de mercados.

CAPÍTULO II.- TEORÍA DE LA REGULACIÓN Y DE LA DINÁMICA POLÍTICA PARA LA INDUSTRIA DE LA EXPLORACIÓN Y EXPLOTACIÓN PETROLERA EN MEXICO.

II.1.- Introducción

A continuación se aborda el marco teórico que para fines de esta investigación podemos situar en el ámbito de la economía política, a partir de esto se explora la teoría económica del institucionalismo y de la elección racional, así como un debate teórico de estas corrientes del pensamiento moderno y una revisión de la teoría de la regulación de mercados.

El revisar estos fundamentos teóricos ayudará al lector a entender mejor el comportamiento que presentan los diferentes actores que inciden en las políticas de exploración y explotación de petróleo crudo en México.

Además se definen algunos conceptos como: actores con poder de veto, costos de transacción, grupos de interés, instituciones, la teoría de la elección racional, el institucionalismo normativo, los buscadores de rentas y el modelo agente-principal, todos ellos son de utilidad para explicar el razonamiento que utilizan los diferentes actores al incidir en las políticas petroleras en México.

Así también se presenta un debate teórico entre el institucionalismo y la racionalidad económica los cuales por sí solos son útiles, pero complementándolos entre ellos pueden explicar mejor las reglas del juego que norman los procesos políticos.

Al final de este capítulo se muestran algunas posibles soluciones para lograr la acción colectiva que permita conciliar de una mejor manera los intereses de las instituciones y de los actores que participan en ellas.

II.2. La Teoría del Institucionalismo

Como un primer paso definiremos conceptos generales como la teoría institucional, las instituciones y corrientes de pensamiento como la teoría del institucionalismo. De acuerdo a Peters (2003) "la teoría institucional clásica analiza las características de las instituciones y su impacto en los sistemas políticos", es decir los elementos que las componen, cómo se crean y cómo influyen en el sistema político en el que se encuentran, por lo que esto ha sido objeto de estudio de la disciplina de la ciencia política.

A continuación revisaremos algunas definiciones de los conceptos instituciones e institucionalismo:

Según North (1990) las instituciones son "aquellas entidades que moldean a los actores y les brinda un marco de actuación (es decir, la política en términos de institución más que de actores políticos)" y también menciona que se puede definir a las instituciones como las reglas del juego en una sociedad, las cuales estructuran los incentivos para el intercambio humano ya sea político, social y económico, esto se encuentra enmarcado en la teoría de la política y su dimensión institucional.

El institucionalismo también de acuerdo a North (1990) se puede considerar como el enfoque de las ciencias sociales que estudia a las sociedades a partir de sus instituciones, además de revisar que tan efectivo es su desempeño, clave para la vida diaria de las personas en relación con la comunidad.

Acerca de las instituciones políticas podemos mencionar que existen:

a) las formales como el Estado, las legislativas y las judiciales,
b) las económicas como la empresa,
c) las sociales como el matrimonio y la familia,
d) y las instituciones religiosas como la iglesia, etc.

De acuerdo a Max Weber (1997) las instituciones más importantes en el Estado moderno son: El parlamento (en un sistema parlamentario), los partidos políticos, la fuerza militar y el servicio civil burocrático. Para el caso mexicano en lugar de parlamento sería el congreso de la unión dado nuestro sistema de República Federal.

Asimismo Ostrom (1982) establece que "las instituciones son reglamentaciones que los individuos utilizan para determinar qué y a quién se incluye en las situaciones de toma de decisión, cómo se estructura la información, qué medidas pueden tomarse y en qué consecuencia".

Según Terry Moe (1990) "las organizaciones económicas y las instituciones son estructuras que emergen y adoptan una forma específica porque resuelven problemas de la acción colectiva".

Aunque Peters (2003) afirma que existen al menos siete variantes en la disciplina del institucionalismo para fines de este trabajo veremos de manera breve las 3 principales:

a) el institucionalismo histórico,
b) el enfoque normativo expuesto por March y Olsen,
c) el de la teoría de la elección racional.

Los tres serán de utilidad para descubrir la importancia del institucionalismo, su funcionamiento y desempeño, y en esta investigación haremos énfasis en la teoría de la elección racional.

Según Zurbriggen (2006) el institucionalismo histórico estudia el modo de organización, funcionamiento y estructura política de las instituciones a través del tiempo, es decir desde un punto de comparación histórica.

El institucionalismo histórico de acuerdo a Zurbriggen asume que sus decisiones ya han sido dirigidas por las elecciones institucionales anteriores, por lo tanto las decisiones pasadas influyen o condicionan el futuro de una institución, o sea los procesos políticos actuales están en función de las opciones institucionales tomadas en periodos anteriores y estas a su vez tienen incidencia en las opciones futuras de los actores políticos.

Por otro lado el institucionalismo normativo según March y Olsen (1983) es aquel en el cual las ideas plasman algún tipo de moralidad en las instituciones y son cambiadas por aquellas relacionadas al individualismo moral, dicho enfoque parte de la premisa que el comportamiento de los actores se encuentra dirigido por un conjunto de reglas derivadas de ciertos valores (o sea los agentes son seguidores de reglas) y de la manera en la que los individuos interpretan sus propios objetivos; es decir las acciones de los agentes individuales se entienden solo en función del contexto institucional (no hay egoísmo y racionalidad). Por lo tanto los actores no son individuos fragmentados, sino agentes que reflejan los valores de las instituciones a las cuales pertenecen.

II.3. Teoría de la elección racional (racionalidad económica)

Otro enfoque de análisis del institucionalismo es la teoría de la elección racional y de acuerdo a Ostrom (1986) este enfoque depende de las decisiones individuales que maximizan la utilidad y establece que las instituciones son las reglas del juego ya sea formales o informales y determinan las estrategias de los diferentes actores al momento de buscar alcanzar sus objetivos, por lo que el margen de maniobra que tienen los individuos depende del marco institucional en el que se desenvuelven, bajo esta óptica las instituciones tienen un impacto en los actores políticos en la medida en que moldean sus preferencias y acciones. Este enfoque posee una limitación: es ahistórico (es preferible desde un punto de vista técnico a otros) y no capta la tensión entre los marcos institucionales diseñados, no toma en cuenta los principios y leyes científicas de la teoría económica de la decisión racional o bien que ésta fue concebida en abstracción de los marcos institucionales existentes y posibles.

Según Mueller (2003) el institucionalismo de la elección racional toma el conjunto de normas y reglas para buscar exponer la conducta de las personas en un campo institucional, pero por otro lado también las instituciones desarrollan una autonomía independiente de su entorno político, económico y social, entonces este enfoque busca determinar las reglas del juego que inciden en el comportamiento político y establece que las instituciones tienen la capacidad de estructurar la conducta de los actores y condicionar sus estrategias, es decir determinan el desempeño de la actividad política a través de la internalización y pautas en la toma de decisiones dentro de la estructura institucional. En este enfoque ya se toma en cuenta la tensión señalada antes y reconoce por ende la generalidad limitada de los dos componentes: el economisismo y el institucionalismo.

De acuerdo a Peters (2003) las instituciones son interpretadas como un conjunto de reglas e incentivos que fijan las condiciones para la racionalidad restringida, entendiendo a la racionalidad restringida conforme a Downs (1967) como aquella que reduce costos para la toma de decisiones y donde no se cuenta con la información completa para tomar una decisión como por ejemplo las ideologías, por lo que se espera un comportamiento egoísta de los actores buscando maximizar el beneficio personal, pero esta conducta está sujeta a las reglas de las instituciones, de ahí el papel relevante de estas últimas para limitar la conducta individual, debido a que los individuos reconocen que pueden alcanzar su objetivos personales más fácilmente a través de la acción institucional.

Así también según Mueller (2003) la teoría de la elección racional institucional sostiene que si determinados actores pueden participar en un ámbito institucional, algunos de ellos tratarán de sortearlo para reducir su costo y obtener mayores ganancias que los demás, sin embargo deberán adoptar rápidamente las normas y valores institucionales si desean lograr sus objetivos individuales en esa institución, asimismo los actores aprenden que las reglamentaciones de la institución condicionan también a sus competidores que de igual forma buscan maximizar sus beneficios personales.

De lo anterior según Mueller (2003) se interpreta que la capacidad de producir racionalidad colectiva a partir de acciones racionales individuales es el principal rasgo del enfoque institucionalista de la elección racional.

Este enfoque supone como premisa la maximización individual, lo que puede llegar a producir resultados sociables no deseables cuando los actores buscan racionalmente su beneficio individual utilizando a la institución, por ello el enfoque del nuevo institucionalismo ó neoinstitucionalismo de la elección racional busca diseñar reglas para normar el comportamiento de dichos agentes dentro de las instituciones, utilizando su conducta para generar resultados colectivos convenientes y pone de manifiesto el problema de composición que con frecuencia se presenta en los fenómenos económicos.

Siguiendo esta idea Arrow (1951) señala que una comunidad necesita establecer un orden de preferencia entre diferentes opciones o situaciones sociales, donde cada individuo en la sociedad tiene su propio orden de preferencia personal y el problema es encontrar un mecanismo (es decir una regla de elección social), que transforme el conjunto de los órdenes de preferencia individuales en un orden de preferencia para toda la comunidad (también conocida como paradoja de Arrow).

Esto último ha sido objeto de estudio por Downs (1967) el cual tiene la meta de identificar las estrategias que el actor racional utiliza para elevar su beneficio personal, buscando mejorar el desempeño de la organización o institución.

Como mencionan March y Olsen (1983) "sin negar la importancia de los contextos sociales y políticos y los motivos individuales de los actores, el nuevo institucionalismo insiste en un papel más autónomo para las instituciones políticas. La democracia política no solo depende de las condiciones sociales y económicas, sino también en el diseño de las instituciones políticas".

Asimismo el enfoque del neoinstitucionalismo considera a las instituciones como depositarias de autoridad y recursos para resolver problemas de suministro de un bien público, o bien para controlar un efecto externo, y de acuerdo a Shepsley y Bonchek (2005) "una comunidad política institucionaliza procedimientos o métodos rutinarios para algunos problemas que enfrenta repetidamente", es decir, ayuda a resolver problemas sistémicos de acción colectiva.

Estos autores establecen un marco para estudiar a las instituciones por división y especialización del trabajo, por jurisdicciones, delegación y supervisión y donde dichos elementos reflejan la búsqueda de eficacia en una organización, así como el otorgamiento de facultades a los miembros de la institución.

De lo anterior se pude interpretar que para Shepsley y Bonchek una institución consiste en una distribución de actividades, una división de individuos, mecanismos de supervisión y control y de otros incentivos.

Recordemos que este trabajo estudia la economía política de la exploración y explotación petrolera, y como ya mencionamos entendiendo a la economía política -de acuerdo con Weingast y Wittman (2006)- como la disciplina de las ciencias sociales que estudia la interrelación entre los procesos e instituciones políticas y económicas en un entorno.

Algunas herramientas teóricas de la economía política que pueden ayudar en esta investigación son los hallazgos de Buchanan y Tullock (1962), los cuales establecen que las decisiones públicas no están exentas de la presión de los grupos de interés y esto es muy claro en el tema de las decisiones que se realizan sobre PEMEX y PEP.

En este sentido Grossman y Helpman (2001) mencionan que los grupos de interés como entes racionales buscarán influenciar las decisiones colectivas, tal como lo hacen los diferentes actores relacionados con PEP, como los legisladores, el gobierno federal, el sindicato, las contratistas, etc.

Dentro de los diferentes grupos de interés encontramos a los jugadores más relevantes en el caso de las decisiones sobre PEP, los legisladores o "actores políticos", que de acuerdo a Stigler (1971) buscarán maximizar dos cosas: dinero y votos. Es decir las decisiones regulatorias impulsadas por el actor político tendrán un efecto sobre los votos que éste podría recibir en un proceso futuro y de la cantidad de dinero que pueda recaudar para este proceso u otros procesos políticos futuros (ó para sí mismos en un ambiente corrupto). Si las decisiones son favorables a determinado grupo o corriente de votantes recibirá su voto o su apoyo económico en el siguiente proceso político.

El comportamiento de los actores políticos mencionado anteriormente puede establecerse también en el marco de la teoría económica, que parte del supuesto del individuo racional, egoísta y maximizador de utilidades (o de la utilidad esperada). De acuerdo a Quezada González (1988) "toda cuestión que plantee un problema de asignación de recursos y de opciones en el marco de escasez caracterizada por el enfrentamiento de objetivos alternativos, pertenece a la economía y puede ser estudiada por el análisis económico", por lo tanto la económica pudiera ser considerada como una teoría general del comportamiento y la interacción humana y útil para esta investigación.

En base a estos elementos han surgido diversas corrientes de pensamiento como la "Teoría de la elección pública" ó "Public Choice", la cual tiene sus bases en la idea de la persona como maximizador de utilidades, su unidad básica es el individuo eligiendo entre diversas alternativas con sus correspondientes costos de oportunidad.

Dentro de esta corriente de pensamiento se encuentra el modelo de Downs (1957) donde tanto el gobierno como los ciudadanos tienen un comportamiento racional, lo cual reduce la incertidumbre, sin embargo existe información incompleta y desigualmente distribuida, esto debido a que los diferentes agentes económicos no revelan sus verdaderas preferencias, además que dicha información es costosa.

Asimismo Downs establece que "la falta de información completa sobre la cual basar las decisiones es una condición tan básica de la vida humana que influye en la estructura de casi todas las instituciones sociales. Especialmente en política sus efectos son profundos" (y en economía de prolongada duración).

De esta manera la información incompleta convierte a todo gobierno democrático en un gobierno representativo en el que unos especialistas (los representantes, como los legisladores o "actores políticos"), descubren, transmiten y analizan la opinión de los ciudadanos, contribuyendo también a guiarla y estructurarla según sus propios intereses particulares o del partido.

Este contexto de conocimiento imperfecto o de información incompleta (información asimétrica), puede generar que el gobierno llegue a ser susceptible de soborno debido a que para persuadir a los votantes sobre la bondad de una determinada política pública (por ejemplo, privatizar ó no a la industria petrolera), el gobierno se puede ver obligado en ocasiones a conceder ciertos favores a cambio de votos o influencias.

Así también en el modelo de Downs se busca explicar la existencia de los partidos políticos partiendo de que buscan el poder no para construir un modelo de sociedad o para lograr el bien común, sino únicamente por la renta, la influencia y el prestigio, es decir teniendo un comportamiento racional y egoísta, maximizando el presupuesto público para lograr primero sus intereses y después el bienestar social.

II.4 Economía política de los grupos de interés y buscadores de rentas (rent-seeking)

A continuación se presentan algunas definiciones de temas relacionados a la economía política y que nos ayudarán a entender mejor la realidad de la industria petrolera en México, así como del razonamiento e interacciones de los actores que participan en dicha industria.

Los costos de transacción.- Se refiere a los costos en que se incurren al realizar un intercambio económico y en el tema de la exploración y explotación de petróleo se presentan grandes costos de transacción representados por el monitoreo, la evaluación, la regulación, la asimetría de la información, etc.

Según Ronald Coase (1960) cuando es costoso realizar transacciones las instituciones importan; por lo tanto debido a que no contamos con instituciones que generen reglas de juego claras y de largo plazo y mientras se cuente con reglas sujetas al control político, seguiremos enfrentando costos de transacción altos.

Asimismo existen costos de transacción políticos donde el punto clave es la tensión que generan los continuos cambios en las reglas y los procedimientos conforme cada agente trata de manipular el sistema para su propio beneficio (obtención ó captura de beneficios).

Información asimétrica (Modelo Agente-Principal).- El concepto del modelo agente-principal según Akerlof (2001) está relacionado con situaciones que surgen cuando un actor económico (el principal) depende de la acción o de la naturaleza o moral de otro actor (el agente), sobre el cual no tiene información completa o total (información asimétrica), es decir trata de los retos que se enfrentan cuando se da esta relación en condiciones de información incompleta, o sea cuando el principal contrata a un agente.

En este caso el sector de exploración y explotación petrolera en México afronta una información asimétrica importante dada la falta de información clara, suficiente y oportuna que debería generar PEMEX (Agente), aunque en este punto se espera que ayuden los Consejeros Profesionales de PEMEX, así como la Comisión Nacional de Hidrocarburos, para transparentar la mayoría de las decisiones y actividades que realiza PEMEX, y de a conocer de una mejor manera cómo, por qué y para qué, utilizan los recursos asignados a ella.

Otra relación de agente-principal es observada entre las legislaturas-ejecutivo (hacedores de políticas-agentes-reguladores) y los votantes (Principal), en donde no necesariamente existe una alineación de intereses entre ellos, lo que resulta en políticas públicas para PEP no sustentables e inconsistentes en el largo plazo.

Los buscadores de rentas (rent-seeking).- De acuerdo a Krueger (1974) el rent-seeking se refiere a la manipulación de mecanismos legales y económicos para lograr un beneficio único o especial. Este concepto está relacionado al uso de recursos colectivos con el objetivo de tener un beneficio o privilegio especial, e implica la extracción de valor no compensada de los demás sin hacer ninguna contribución a la productividad, es decir obtener beneficios sin que medie esfuerzo alguno por el agente.

El tema del rent-seeking establece que ciertos grupos o individuos sacan provecho de una política gubernamental a la cual se destinan recursos para obtenerla y estos individuos consiguen dicho beneficio. El rent-seeking se produce cuando una persona física, organización o empresa busca hacer dinero manipulando el entorno económico, legal y político, en lugar de obtener una ganancia a través del comercio y la producción de la riqueza, por ejemplo una cámara empresarial que busca incidir en el gobierno para que imponga restricciones a las importaciones de los productos que venden sus agremiados en el mercado doméstico, o el caso de la Secretaría de Hacienda a la que le interesa que no modifiquen el régimen fiscal de PEMEX dado que un cambio hacia una mayor autonomía de gestión financiera para PEMEX implicaría para la Secretaría de Hacienda buscar nuevos mecanismos para obtener recursos que dejaría de recibir de dicha petrolera.

Así también Tullock (1967) define el rent-seeking como la colusión para buscar restricciones a la competencia para convertir el superávit del consumidor en el superávit del productor; y en el caso de esta investigación existe un gran incentivo económico por parte de la Secretaría de Hacienda para continuar con el monopolio exclusivo en la explotación y exploración de hidrocarburos, dado que ella es la que determina los precios de los hidrocarburos que se venden en el mercado doméstico y de esta manera seguir obteniendo dicho superávit.

Inconsistencia inter-temporal de las políticas públicas.- Según Lucas (1976) las decisiones actuales de los agentes económicos dependen en parte de sus expectativas de las acciones políticas futuras y de las reglas de decisión óptimas que varían sistemáticamente con cambios en la estructura de los escenarios relevantes para el que toma la decisión, por lo que cualquier cambio en la política alterará la estructura de dichas reglas de decisión. En este caso la posesión de información privilegiada adquiere un alto valor de mercado a lo que con frecuencia se le identifica como consultoría.

Por lo tanto las decisiones actuales de los agentes económicos dependen de la política futura esperada y estas expectativas son variantes a los planes elegidos, por ello si en cada período la decisión de política elegida es una que maximiza la suma del valor de los resultados actuales y la valuación del estado al término del período, se dice que la política elegida será consistente, pero no óptima, es decir la inconsistencia en el tiempo es no cumplir una promesa o acuerdo cuando un individuo encuentra óptimo hacerlo y en el caso del gobierno cuando elige no tener una política consistente para maximizar el bienestar de los ciudadanos.

Grupos de presión.- Conforme a Duverger (1968) los grupos de presión son organizaciones o grupos no políticos cuyas acciones no son la presión para obtener el poder, sino que actúan sobre éste buscando incidir en aquellos que tienen el poder y sobre los tomadores de decisiones.

Estos grupos pueden organizarse para alcanzar un solo objetivo o para cambiar ciertas condiciones que beneficien a sus agremiados.

Los beneficios obtenidos de dicha presión no son iguales entre todos los miembros del grupo, existe una tendencia sistemática a la explotación del socio grande por parte del socio pequeño dado que el grande tendrá beneficios grandes de obtener éxito en un cabildeo o regulación pero éste tenderá a cubrir gran parte de los costos asociados a esta actividad y el socio pequeño tenderá a no cubrir los costos y si recibirá los beneficios de que se apruebe una regulación para una industria en particular.

Un ejemplo de los grupos de presión son los grandes grupos empresariales en México, los cuales tratarán de mantener el status quo debido a que de lo contrario perderían los privilegios especiales obtenidos a través del intercambio de favores con el gobierno en turno a lo largo del tiempo; asimismo buscarán estructurar la conducta de la burocracia.

Estos grupos de presión poseen ciertas características como intereses comunes, homogeneidad, recursos disponibles y reglas para su organización.

Otro ejemplo de grupos de presión son las cámaras y asociaciones empresariales, que representan a los grandes empresas y que buscan influir a través de la opinión pública o en diversos foros y mecanismos, con el objetivo de beneficiar a sus socios y obtener ventajas en la regulación gubernamental, como por ejemplo conseguir contratos de PEP para sus afiliados, principalmente para las grandes empresas de bienes de capital que son las que participan en las licitaciones de esta subsidiaria.

II.5 Debate teórico del institucionalismo y la racionalidad económica

A través del tiempo la teoría de las instituciones ha tenido diversos enfoques para su estudio, primero desde el punto de vista histórico, después al normativo y posteriormente al de elección racional.

La ciencia política es dinámica y las formas para abordar un mismo tema también lo son, ejemplo de ello es la teoría institucional que en un principio daba énfasis solamente en realizar una descripción más que una explicación de las causas que establecen un determinado tipo de instituciones y de sistemas políticos, además que los hallazgos encontrados eran de casos puntuales difícilmente generalizables. En cuanto al institucionalismo normativo, dichas reglas o normas tienen en ocasiones las características de ser subjetivas y en un contexto muy específico, además consideran que dichas reglas del juego norman los procesos políticos sin tomar en cuenta otros factores como la racionalidad de los agentes.

Como ya se mencionó en el punto dos de este capítulo, el neoinstitucionalismo cuestiona la influencia de las instituciones en la práctica de la política, particularmente en las estrategias y preferencias de los actores, por lo que sugiere que la ciencia política debería de explicar los fenómenos políticos en función de las fuerzas económicas y sociales individuales y colectivas.

El problema que surge es cuando un pequeño grupo de individuos con intereses personales y/o de grupo, son agentes de otros individuos con intereses igualmente personales dentro de las instituciones, por lo que es indispensable buscar los mecanismos para que el interés personal de los agentes, coincida con el interés personal de los agentes representados.

En el institucionalismo de elección racional a diferencia del institucionalismo histórico, la historia de la institución u organización tiene poca relevancia y un nuevo esquema de incentivos puede producir resultados diferentes de una forma relativamente sencilla.

De acuerdo a este enfoque de elección racional, las instituciones son un medio para resolver problemas de acción colectiva (por ejemplo free riders), dado que proveen un conjunto de reglas fijadas con anticipación por lo que los agentes individuales las aceptan cuando se integran a una institución.

Después de analizar los diferentes enfoques relacionados al institucionalismo podemos interpretar estas teorías como el estudio de la relación institución-actores, las cuales constituyen una herramienta útil para explicar los cambios sociales y políticos de nuestro entorno, mediante la reflexión de la acción y desempeño de los actores que componen y estructuran una institución y como las instituciones restringen la acción de dichos actores.

Según las diferentes teorías acerca del institucionalismo que acabamos de mencionar, podemos concluir que las instituciones realmente inciden en la asignación de poder entre diferentes individuos dentro de una organización política y además determinan sus estrategias, por lo que los resultados de los procesos políticos dependerán de gran manera de los factores institucionales.

De acuerdo a dichas teorías la democracia política no solamente estará en función de las condiciones económicas y sociales, sino también del diseño de las instituciones políticas.

Asimismo nos damos cuenta que la política no está sujeta solamente a los lineamientos institucionales, sino también a la competencia racional del agente que participa dentro de dichas instituciones, el cual buscará aprovechar la estructura institucional en su beneficio personal y/o grupal.

El análisis institucional propone un papel independiente para las instituciones políticas sin negar la importancia del contexto social de la política en las motivaciones de los individuos. Por un lado se menciona que las instituciones restringen la conducta de los agentes individuales y que las estructuras exteriores al individuo determinan el comportamiento de los actores que están dentro de ellas, pero por el otro lado se establece que los individuos moldean el comportamiento de las instituciones.

Otra manera de reflexionar acerca de las instituciones es que ellas cumplen la función de distribuir las preferencias y poderes de sus miembros dentro de dicha institución.

Resumiendo, de acuerdo a la teoría institucional el propósito de las estructuras es moldear las decisiones individuales a través de reglas y normas y a su vez los tomadores de decisiones son individuos que tratan de maximizar sus beneficios personales buscando modificar a las instituciones.

La racionalidad.- Algunas posibles soluciones de política pública para generar la acción colectiva:

a) Acuerdos creíbles y Autonomía

Se requiere de una institución formal en este caso una figura gubernamental (regulador), que cuente con los mecanismos (independencia principalmente) para generar certidumbre y acuerdos creíbles y que refuerce las normas establecidas en el sector petrolero; asimismo dicha institución debe reconocer el comportamiento racional y egoísta de todos los actores relevantes.

Una forma de aislar a una institución gubernamental de las presiones políticas y de ciertos grupos de interés, es la autonomía. Con ella se espera que las instituciones sean más libres para diseñar e implementar políticas creíbles y de largo plazo.

b) Mecanismos de transparencia y rendición de cuentas

Hoy por hoy, el tema de la transparencia en el sector de la exploración y explotación petrolera en nuestro país tiene muchas áreas de oportunidad y esto sin duda es más notorio en las subsidiarias como PEP, donde gracias a la falta de una transparencia adecuada los grupos de presión obtienen beneficios y privilegios que difícilmente recibirían en otra parte.

El contar con mejores instrumentos de transparencia y rendición de cuentas en todos los niveles de PEP reduciría los costos de transacción a través del mayor y mejor acceso al monitoreo y la evaluación, así como a la disminución de la información asimétrica.

Así también el establecer medios más eficientes de rendición de cuentas en las instituciones que regulan a PEP permitiría a los agentes económicos tomar mejores decisiones, o al menos con una mayor certidumbre, además de enviar una señal de la búsqueda de resultados más apropiados.

Asimismo la transparencia permitiría a los actores económicos generar expectativas inter-temporales acerca de las políticas públicas generadas por el Estado.

Por último, también sería importante contar con reglas claras para la burocracia que ayuden a disminuir la incertidumbre y el riesgo, generen acuerdos creíbles y sean estables a través del tiempo.

II.6 Teoría de la regulación de mercados

El gobierno toma decisiones de política pública por diferentes causas entre las cuales se encuentran:

- Para ordenar un mercado y combatir un monopolio, como dicta la teoría tradicional (la visión tradicional de la teoría económica de la intervención del Estado para reducir o eliminar fallas de mercado)
- Para garantizar la provisión de un bien público (Buchanan y Tullock 1962)
- Por moda (Derthick y Quirk 1985)
- Por la racionalidad del regulador (Stigler 1971, Peltzman 1976)

Según García (2007) "la Teoría de elección pública o elección racional aplica el paradigma económico al estudio de fenómenos eminentemente políticos, para explicar el origen del Estado, las elecciones, los partidos políticos, la burocracia y los grupos de interés. En este sentido, los actores políticos, instituciones, etc. que participan del proceso político, son egoístas, racionales y buscan maximizar su bienestar individual".

Desde el punto de vista de la racionalidad del gobierno en la toma de decisiones para regular o desregular un mercado existe un debate entre el enfoque tradicional de intervención gubernamental para resolver fallas de mercado, conocido como Análisis Normativo y el de una intervención regulatoria basada en la maximización de utilidad de los reguladores, conocida como Teoría Económica de la Regulación (TER), Stigler (1971) y Peltzman (1976).

En la visión clásica de la intervención, el Estado actúa como un planeador social que busca maximizar el excedente social a través del establecimiento de un mercado competitivo que genere en una situación de mayor bienestar para los individuos.

Un ejemplo de ello podría ser el menor nivel de precios de la gasolina que paga el consumidor doméstico respecto a los precios internacionales. Ante la presencia de fallas de mercado que eviten alcanzar los niveles de eficiencia que provee el mercado competitivo, el gobierno intervendrá (visión normativa) para reducir estas fallas y reorientar el mercado hacia la eficiencia.

Por otro lado la visión de la TER está enfocada hacia la racionalidad de los individuos que toman las decisiones: que pueden ser entes reguladores, gobernantes, legisladores, etc. que toman decisiones de política pública y hacia donde dirigen estas decisiones.

Uno de los principales impulsores de la TER, Joseph Stigler, establece que los actores políticos son maximizadores egoístas. Es decir en su función de utilidad sus prioridades son la necesidad de mantener y asegurar el poder.

La aportación más importante de Stigler es lo que se conoce como teoría de la captura, la cual establece que los reguladores o actores políticos son "capturados" por las industrias reguladas buscando que legislen en su favor, ofreciendo a cambio el apoyo de votos y dinero para beneficio de los reguladores o actores políticos.

Como ya se vio anteriormente en este mismo capítulo, según Peltzman (1989) la influencia de los grupos de interés sobre las decisiones regulatorias creará precisamente el área de estudio dentro de la economía política conocida como Teoría Económica de la Regulación.

En el tema de la eficiencia del proceso regulatorio ante la participación de los grupos de interés, Becker (1983) concuerda con Peltzman en el sentido que los grupos de interés tratarán de influir en las decisiones de los actores políticos en el proceso regulatorio, sin embargo considera que tal proceso puede originar ineficiencias cuando el regulador reorienta el producto de la regulación entre los diferentes grupos, generando beneficios para unos y desventajas para otros.

Por ello la decisión regulatoria no llega a ser lo más eficiente y provoca pérdidas sociales al dejarse influir o "capturar" por el proceso político, es decir las pérdidas son mayores a los beneficios para el agregado, aún así los grupos de interés como actores racionales seguirán presionando para maximizar su utilidad. Según Peltzman (1989) estas pérdidas y ganancias es lo que motiva la competencia entre los grupos en el proceso político y la conclusión de Becker es que la eficiencia en producir presión por parte de los grupos de interés genera regulación.

En este tema de la regulación de acuerdo a Laffont (1994) la "nueva economía de la regulación" aplica la teoría económica de la información o la economía de "agentes" para explicar las decisiones regulatorias en un mercado. Aun cuando este enfoque se puede ubicar dentro del Análisis Normativo debido a que tiene como objetivo la eficiencia de las decisiones del gobierno en materia regulatoria para generar mejores condiciones a un mercado específico, introduce también elementos para el estudio de la economía política de la regulación.

Asimismo la economía de la información supone que una fuerte restricción para los diferentes agentes económicos es que cuentan con información incompleta o asimétrica, en ese sentido las decisiones podrían ser ineficientes si no existe la información adecuada por parte de los agentes económicos para maximizar su utilidad. Por ello de acuerdo a North (1990), la importancia las instituciones para los agentes económicos dado que construyen mecanismos que incentivan a los propios agentes a revelar información o sus preferencias y a conducirse de tal manera que los efectos causados por las asimetrías de información se reduzcan lo más posible.

En este sentido los agentes económicos sujetos a ser regulados cuentan con información que el regulador no posee (información asimétrica), por lo que la decisión del regulador debe estar orientada a crear un esquema de incentivos que reduzcan estas asimetrías o sus efectos. El regulador buscará minimizar esos efectos para proveer al mercado (competidores y consumidores de la industria regulada) de las condiciones de eficiencia que le permitan maximizar su utilidad.

Resumiendo, el enfoque neoinstitucionalista es de gran relevancia dentro de la teoría de la economía de la regulación, dado que incorpora dentro de un solo modelo a la oferta y demanda de regulación. Es decir según North (1990), los agentes económicos se verán restringidos por un entorno institucional ya sea formal o informal, el cual delimitará por un lado su capacidad de influencia y por el otro, el propio desempeño de la economía en general.

En cuanto al papel de la influencia de los grupos de interés (ya sean organizaciones no gubernamentales, cámaras empresariales, etc.), Burstein y Linton (2002) consideran que su influencia es substancial por su impacto en las políticas pero que dicha influencia será diluida en la medida en que exista:

a) influencia de la opinión pública,

b) competencia entre los diferentes grupos,

c) información.

En el tema de los órganos reguladores y la búsqueda de aislarlos de la "captura" de los diferentes grupos de interés, Faure-Grimaud y Martimort (2003) concluyen que la independencia de los órganos reguladores incentiva su colusión con los grupos de interés, lo cual acarrea costos de transacción para el gobierno que otorgó esa independencia al regulador y para futuras administraciones. Según Spiller (1990) dado el nivel de discrecionalidad del regulador, éste puede ser "capturado" por un determinado grupo de interés sin que esto sea observable y deseable por el grupo político que lo designó en el cargo (en este caso el Congreso). De acuerdo con dicho autor el Congreso buscará frenar la discrecionalidad del regulador en cuanto a su relación con los grupos de interés a través del presupuesto que fije al órgano regulador. En este punto Grossman y Helpman (2001) mencionan que aunque tal control no es perfecto, si demuestra empíricamente el interés del Congreso por restringir la incidencia de los grupos de interés sobre la definición de las política públicas.

De acuerdo a Laffont (1994) la toma de decisiones regulatorias puede definirse: como aquellas orientadas a intervenir en un mercado o una industria. Y según Tribe (1972) la regulación la define: como un proceso complejo que implica variables económicas o de mercado, institucionales y necesariamente políticas.

Según Stockey y Zeckhauser (1978) la toma de decisiones de política pública implica la necesidad de ponderar diferentes factores para tomar las decisiones más adecuadas que ayuden a alcanzar sus objetivos y al mismo tiempo minimicen los costos necesarios para alcanzarlos.

En este contexto según Gramlich (1990) la intervención del gobierno en la economía implica necesariamente elaborar un análisis costo-beneficio, el cual establezca claramente si los beneficios esperados de determinada decisión de política pública superan a los costos de tomarla y en ese contexto si tal decisión es viable para alcanzar determinados objetivos.

Según Noll y Joskow (1981) el primer objetivo de la intervención estatal en una economía era la de tomar decisiones para ordenar un mercado y combatir un monopolio. Desde una perspectiva económica, la existencia del monopolio natural se justificaba por las condiciones de costos dado que era económicamente ineficiente duplicar inversiones tan grandes y entonces era justificable que dicho servicio se prestara a través de una sola empresa que tuviera la capacidad de enfrentar una función de costos crecientes.

En otros casos y por posiciones políticas o ideológicas, dichos servicios se consideraban tan prioritarios o importantes que el derecho de explotación de los mismos estaba sólo permitido directamente al Estado. Tal es el caso de México donde el Estado ostenta la exclusividad de la producción y distribución de energía, y analizando el Artículo 28 de la CPEUM, desde el enfoque del análisis de economía política se puede encontrar que mientras el Estado prohíbe los monopolios por tener efectos nocivos sobre los ciudadanos, simultáneamente se reserva áreas prioritarias para su propia explotación sin justificar económicamente por qué estos monopolios no generarán condiciones negativas para los mexicanos, como aquellos que expresamente están prohibidos. Esta situación crea nuevamente la incertidumbre de cuáles son las razones del gobierno para tomar ciertas decisiones regulatorias y de política pública.

Por ello y de acuerdo a la OCDE (1999) "la creación de autoridades en materia de competencia ha buscado que en los mercados existan las condiciones que favorezcan la libre concurrencia y sana competencia en las diferentes industrias reguladas".

Asimismo podemos encontrar otros ejemplos de la regulación utilizada como herramienta para resolver otras fallas de mercado, como son la regulación de los efectos de las externalidades en el mercado y la industria. Se puede mencionar a Mueller (2003) el cual establece la regulación de una industria a través de los impuestos, en la cual el gobierno impone una multa o un subsidio para corregir una distorsión causada por una externalidad generada por dicha industria o mercado.

Según Hardin (1982) otra razón que justifica la intervención regulatoria en cierto tipo de industrias o mercados es que el producto o servicio que se ofrece tiene cierta característica de "público", las cuales deben de ser orientadas por la regulación a fin de evitar causar distorsiones en el mercado.

Ejemplos de lo anterior pueden ser la provisión de ciertos bienes públicos como la seguridad nacional, el transporte aéreo, etc. Sin embargo, la característica de público de ciertos bienes privados o cuasi-públicos ha hecho necesaria la intervención del gobierno, como por ejemplo aquellos en donde existe información asimétrica y otros factores que evitan que se suministre de manera eficiente cierto tipo de bienes o servicios.

Por lo anterior es necesario diseñar un marco normativo que límite el nivel de los beneficios de los monopolios bajo el control del Estado, así como de la modificación a ciertos órganos reguladores para volverlos más autónomos y alejarlos de los ciclos políticos.

Con el presente análisis teórico se busca entender mejor el aporte del enfoque neo-institucional, el cual reconoce que los intercambios económicos se dan en un contexto de información asimétrica, lo que provoca altos costos de transacción; así como las conductas de los diversos actores relacionados con la exploración y explotación de petróleo en nuestro país, que se basan en la racionalidad individual pero acotados regularmente por las normas de las organizaciones en las que interactúan diariamente.

Asimismo se explora la idea de los grupos de presión que evitan los cambios de las políticas que norman a la exploración y explotación de petróleo en nuestro país, debido a que cualquier modificación en ellas puede afectar sus intereses; por lo tanto debe tenerse en cuenta que dichos agentes pretenderán influir en las instituciones a través de la burocracia y de las legislaturas para obtener ventajas en la regulación gubernamental.

Así también se establece que con tales ventajas en la regulación estos grupos de presión buscarán obtener rentas extraordinarias a través de concesiones o regulaciones que los favorezcan de manera individual, en detrimento de un mayor beneficio social para el país.

Por lo anterior es valioso que se implementen políticas públicas que generen mecanismos que propicien la cooperación de las personas pero que tengan en cuenta el comportamiento egoísta de los actores y sobre todo que dicha cooperación sea de largo plazo.

Resumiendo, lo más importante es diseñar una estructura que logre alinear los incentivos de la burocracia y las legislaturas con los de los ciudadanos y la Nación y que a su vez favorezcan la innovación y creatividad, la reducción de los costos de transacción, las interacciones libres, la transparencia y la rendición de cuentas, entre otros elementos con el objetivo final de crear políticas petroleras sustentables y consistentes en el largo plazo.

CAPÍTULO III.- ANTECEDENTES Y CONTEXTO DE LA EXPLORACIÓN Y EXPLOTACIÓN PETROLERA EN MÉXICO

III.1.- Introducción

El sector energía tiene un papel decisivo para contribuir al desarrollo económico y productivo de cualquier país, genera electricidad y combustibles como insumos para la mayoría de las actividades del ser humano y su suministro debería garantizarse mediante políticas públicas con criterios sustentables que tomen en cuenta factores económicos, sociales y ambientales.

En cuanto a la importancia que tiene para la sociedad, la energía es un factor clave para el bienestar general de la población al permitir mejorar nuestra calidad de vida y como elemento de competitividad para la industria, el comercio y los servicios.

De acuerdo a García (2004) "un factor indispensable para el desarrollo del ser humano como sociedad, es el abasto seguro y suficiente de la energía en cualquiera de sus formas, así lo demuestran las diferencias en los niveles de consumo per-cápita de energía entre los países pobres y ricos".

La aseveración anterior pudiera ser demostrada con la evidencia internacional, donde el uso de la energía eléctrica per-cápita tiende a ser mayor en economías más avanzadas y menor en países en economías en desarrollo. Por mencionar un ejemplo García (2004) establece que en México el consumo per-cápita de energía eléctrica en la década de los noventa fue de alrededor de 1,810 kWh/persona, mientras que para el mismo periodo fue de 8,000 kWh/persona en promedio para los países industrializados.

Por lo anterior podemos decir que el abasto de energía es vital para lograr el desarrollo competitivo de las naciones, para lo cual se requiere de precios accesibles, infraestructura suficiente y confiabilidad en el suministro; esto se encuentra en concordancia con el Programa de las Naciones Unidas para el Desarrollo el cual a la letra señala que "Proveer energía adecuada y asequible es esencial para erradicar la pobreza, mejorar el bienestar humano y elevar los estándares de vida en el mundo entero".

Como un ejemplo del significado de la energía en el desarrollo económico de los países podemos ver la siguiente gráfica:

Desarrollo económico e intensidad energética por país

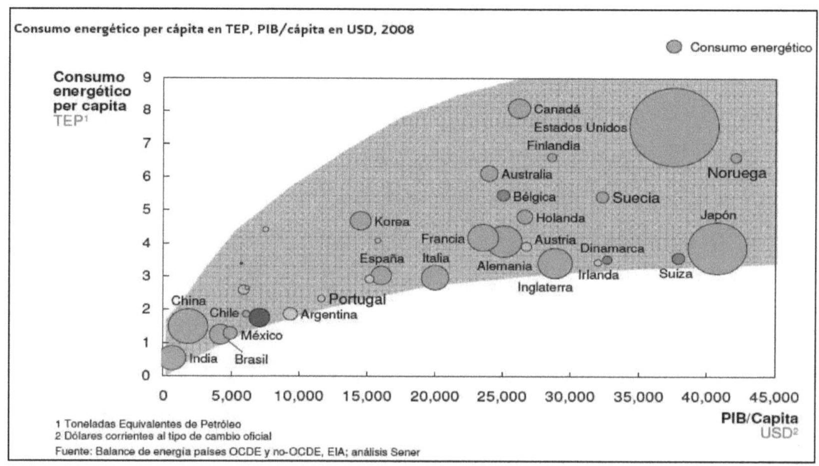

Figura 3.1 Fuente: Estrategia Nacional de Energía 2010

Esta figura nos ilustra el consumo de energía entre países, sin embargo esta investigación tiene que ver con el lado de la oferta de la energía en México, la cual en gran medida depende de la generación de petróleo crudo como veremos a continuación.

El petróleo y su origen.-

Conforme a la Real Academia Española, la palabra petróleo significa aceite de piedra, es un compuesto de hidrocarburos básicamente una combinación de carbono e hidrógeno. El petróleo es un combustible fósil que se encuentra en el subsuelo y además se presenta en forma de líquido viscoso cuyo color varía desde el amarillo y pardo hasta el negro. Lo caracteriza un fuerte olor y es menos denso que el agua de modo que flota sobre ella.

De acuerdo a Sampson (1987) el primer pozo petrolero en el mundo se perforó en 1859 por Edwin L. Drake en Pennsylvania, EE.UU., obteniendo como primer subproducto el queroseno que sustituyó al aceite de ballena como combustible.

El petróleo es un recurso no renovable y finito, el cual ha sido utilizado para un gran número de aplicaciones, por ejemplo: como combustible para el transporte, para la producción de hule, fibras sintéticas, prótesis, fertilizantes, colorantes, detergentes, envases, etc.

Su importancia es relevante tal como lo señala Silva (1982) "El caso del petróleo es uno de los más aleccionadores de la enorme significación que tienen los descubrimientos del hombre de ciencia y del progreso de la técnica, en todos los aspectos de la existencia del individuo y de la sociedad", es decir el petróleo ha transformado completamente la vida del ser humano en los últimos 100 años.

Según la Agencia Internacional de Energía (2008) los hidrocarburos al ser la fuente de energía primaria más importante del mundo (la cual representa alrededor de un 80% de la oferta a nivel mundial), no solo influye en las variaciones de la economía y estabilidad mundial, sino también afecta a los mercados de las energías primarias como el gas natural y el carbón.

También de acuerdo a la Agencia Internacional de Energía la distribución de los consumos regionales a nivel internacional muestra una demanda energética con un crecimiento sostenido a lo largo del tiempo, en donde los combustibles fósiles han continuado dominando la canasta energética mundial.

En el tema de la oferta de energía se puede decir que vivimos en un mundo dominado por los combustibles fósiles y nuestro país no es la excepción, de acuerdo al Sistema de Información Energética de la Secretaria de Energía casi el 90% de la producción de energía primaria al año 2008 proviene de los hidrocarburos, alrededor de un 2.2 de carbón y 3.3% de la biomasa, mientras que la energía eólica aún no es tan significativa.

Estructura de la producción de energía primaria en México (2008)

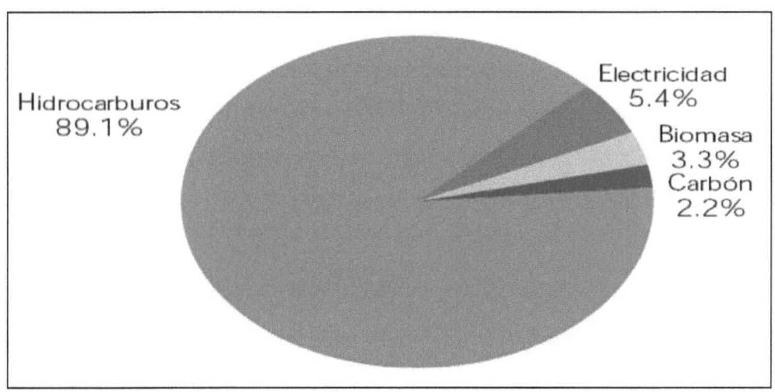

Figura 3.2, Fuente: Sistema de información energética de la Secretaría de Energía

III.2.- El sector petrolero en México

A continuación se presentan brevemente de acuerdo a un trabajo de recopilación histórica del Colegio de México (2009), los sucesos más importantes de la industria petrolera en México en más de un siglo:

1901: El ingeniero mexicano Ezequiel Ordóñez descubre un yacimiento petrolero llamado La Pez, ubicado en el Campo de El Ébano en San Luis Potosí. En ese mismo año el Presidente Porfirio Díaz expide la Ley del Petróleo con la que se logra impulsar la actividad petrolera otorgando amplias facilidades a los inversionistas extranjeros.

1912: A la caída de Porfirio Díaz el gobierno revolucionario del Presidente Francisco I. Madero expidió el 3 de junio de ese año, un decreto para establecer un impuesto especial del timbre sobre la producción petrolera y posteriormente ordenó que se efectuará un registro de las compañías que operaban en el país, las cuales controlaban el 95 por ciento del sector.

1915: Venustiano Carranza crea la Comisión Técnica del Petróleo.

1917: La Constitución Política de los Estados Unidos Mexicanos determina el control directo de la Nación sobre todas las riquezas del subsuelo (arts. 27 y 28). Más adelante en el punto 4 de este capítulo se revisará con mayor detalle estos artículos.

1918: El gobierno de Carranza estableció un impuesto sobre los terrenos petroleros y los contratos para ejercer control de la industria y recuperar en algo lo enajenado por Porfirio Díaz, hecho que ocasionó la protesta y resistencia de las empresas extranjeras.

Con el auge petrolero las compañías se adueñaron de los terrenos con petróleo. Por ello el gobierno de Carranza dispuso que todas las compañías petroleras y las personas que se dedicaran a la exploración y explotación del petróleo debían registrarse en la Secretaría de Fomento.

1920: Existían en México 80 compañías petroleras productoras y 17 exportadoras, cuyo capital era integrado en un 91.5% por anglo-norteamericanos.

1921: La segunda década del siglo fue una época de gran actividad petrolera que tuvo una trayectoria ascendente hasta llegar a una producción de crudo de poco más de 193 millones de barriles, que colocaba a México como segundo productor mundial, gracias al descubrimiento de yacimientos terrestres de lo que se llamó la "Faja de Oro" al norte del Estado de Veracruz, que se extendían hacia el estado de Tamaulipas.

1925. Se expide la Ley Reglamentaria del Artículo 27 Constitucional en el Ramo del Petróleo.

1934: Nace Petróleos de México, A. C., como encargada de fomentar la inversión nacional en la industria petrolera.

1935: Se constituye el Sindicato de Trabajadores Petroleros en la República Mexicana (STPRM), cuyos antecedentes se remontan a 1915.

1937: Tras una serie de eventos que deterioraron la relación entre trabajadores y empresarios estalla una huelga en contra de las compañías petroleras extranjeras lo cual paraliza al país, la Junta de Conciliación y Arbitraje falla a favor de los trabajadores pero las compañías se amparan ante la Suprema Corte de Justicia de la Nación.

1938: La Suprema Corte de Justicia les niega el amparo a las compañías petroleras, obligándolas a conceder las demandas laborales. Éstas se niegan a cumplir con el mandato judicial y en consecuencia el 18 de marzo de ese año el Presidente Gral. Lázaro Cárdenas del Río decreta la expropiación a favor de la Nación, declarando la disponibilidad de México para indemnizar a las compañías petroleras el importe de sus inversiones. Posteriormente el

7 de junio de 1938 se crea Petróleos Mexicanos como organismo encargado de explotar y administrar los hidrocarburos en beneficio de la nación.

A partir de esa fecha como lo menciona Morales (*et al*, 1988) PEMEX ha sido una empresa subordinada totalmente al Estado, esto debido a la capacidad del Presidente de la República para designar a la mayoría de los integrantes del Consejo de Administración, o bien para remover a su Director General; asimismo el control de la paraestatal se encuentra en la supervisión de sus ingresos y egresos por la Secretaría de Hacienda y Crédito Público, en la política impositiva a la que se le somete (Ley Federal de Derechos y Ley de Ingresos y Egresos de la Federación) y al control de precios de los productos que elabora, es decir está sujeta totalmente a decisiones de índole política.

1940: Se expide la Ley Reglamentaria del artículo 27 Constitucional en materia del Petróleo que abroga la de 1925.

1942: Se firma el primer Contrato Colectivo de Trabajo entre el STPRM y PEMEX.

1964: Se reforma la Ley Federal de Secretarías y Departamentos de Estado creando la Secretaría del Patrimonio Nacional (SEPANAL) a la que se asigna la Presidencia del Consejo de Administración de PEMEX.

1971: Se expide la Ley Orgánica de Petróleos Mexicanos, en la que se amplían las facultades de la SEPANAL en materia de la industria petrolera.

1992: Se expide una nueva Ley Orgánica de Petróleos Mexicanos y Organismos Subsidiarios donde se establecen los lineamientos básicos para definir las atribuciones de Petróleos Mexicanos en su carácter de órgano descentralizado de la Administración Pública Federal, responsable de la conducción de la industria petrolera nacional.

Tal Ley determinó la creación de un órgano Corporativo (PEMEX Corporativo) y cuatro Organismos Subsidiarios que es la estructura orgánica bajo la cual opera actualmente PEMEX.

Dichos Organismos son:

- PEMEX Exploración y Producción (PEP)
- PEMEX Refinación (PXR)
- PEMEX Gas y Petroquímica Básica (PGPB)

- PEMEX Petroquímica (PPQ)

2008: El 28 de noviembre de ese año se publican en el Diario Oficial de la Federación los siete decretos que integran "la Reforma Energética 2008", entre ellos la Ley del Petróleos Mexicanos y la Ley de la Comisión Nacional de Hidrocarburos; más adelante en el punto 7 de este capítulo se revisará con mayor precisión los cambios que implican dicha Reforma.

III.3.- Organizaciones relacionadas al petróleo en México

A continuación se presentan las principales entidades del sector petrolero en México con el objetivo de entender mejor cuál es el papel de cada uno de ellos y como regulan esta industria:

Secretaría de Energía (SENER),

Conforme a la información disponible en la página electrónica de la SENER y con fundamento en las reformas y adiciones de la Ley Orgánica de la Administración Pública Federal aprobadas por el H. Congreso de la Unión el 29 de diciembre de 1982, la Secretaría de Patrimonio y Fomento Industrial se transformó en la Secretaría de Energía, Minas e Industria Paraestatal (SEMIP), acción que formó parte del proceso de modernización administrativa emprendida por el Ejecutivo Federal quién consideró necesario lograr un mayor grado de especialización en el área de energéticos, de la minería y de la industria básica y estratégica.

El día 28 de diciembre de 1994 como resultado de la reforma a la Ley Orgánica de la Administración Pública Federal propuesta por el Ejecutivo Federal y aprobada por el H. Congreso de la Unión, establece que la SEMIP se transforma en la Secretaría de Energía (SENER) y se le confiere "la facultad de conducir la política energética del país, con lo que fortalece su papel como coordinadora del sector energía al ejercer los derechos de la nación sobre los recursos no renovables: petróleo y demás hidrocarburos, petroquímica básica, minerales radiactivos, aprovechamiento de los combustibles nucleares para la generación de energía nuclear, así como el manejo óptimo de los recursos materiales que se requieren para generar, conducir, transformar, distribuir y abastecer la energía eléctrica que tenga por objeto la prestación del servicio público; con objeto de que estas funciones estratégicas las realice el Estado, promoviendo el desarrollo económico, en la función de administrar el patrimonio de la nación y preservar nuestra soberanía nacional".

Así también en el año de 1996 se definieron acciones de reestructuración y redimensionamiento de la Secretaría que fueron concretadas en las reformas y adiciones al Reglamento Interior, mismo que fue publicado en el Diario Oficial de la Federación el 30 de julio de 1997.

El proceso de reestructuración buscó principalmente la especialización de la Secretaría en subsectores: hidrocarburos y electricidad, sin perder de vista el importante papel de la formulación de la política energética nacional. Ello se materializó en tres subsecretarías de estado (hidrocarburos, electricidad y planeación energética) y una oficialía mayor y sus respectivas direcciones generales, descritas en el Reglamento Interior publicado el 4 de junio del 2001.

Petróleo Mexicanos (PEMEX).-

Empresa creada el 07 de junio de 1938, como organismo encargado de explotar y administrar los hidrocarburos en beneficio de la nación.

Según la página electrónica de PEMEX dicho organismo tiene como objetivo principal maximizar el valor económico de los hidrocarburos y sus derivados, para contribuir al desarrollo sustentable del país.

PEMEX tiene el compromiso de producir hidrocarburos y sus derivados, transportarlos y comercializarlos, tanto en el mercado nacional como internacional, así como proporcionar los servicios relacionados con su actividad en forma segura, eficaz y apegada al marco normativo, con respeto al medio ambiente, con la finalidad de lograr la satisfacción del cliente e incrementar el valor agregado de la empresa.

Comisión Nacional de Hidrocarburos (CNH).-

De acuerdo a la información encontrada en la página electrónica de la Comisión Nacional de Hidrocarburos (CNH) se menciona que "con el propósito de enfrentar los grandes retos de la industria de exploración y extracción de hidrocarburos y a fin de garantizar en el mediano y largo plazos la seguridad energética del país, el 8 de abril de 2008, el Ejecutivo Federal presentó un paquete de iniciativas de reforma y creación de diversas disposiciones para este sector. En dicho paquete se incluyó la propuesta de instalación de un órgano desconcentrado de la Secretaría de Energía dotado de autonomía técnica y operativa que fungiera como instrumento de apoyo indispensable para fortalecer al Estado como rector de la industria petrolera".

Después de un arduo debate en el Senado de la República (Idem), "el 28 de noviembre de ese mismo año se publicó en el Diario Oficial de la Federación, la Ley de la Comisión Nacional de Hidrocarburos, por virtud de la cual el Congreso de la Unión instituyó a la CNH. Del mismo modo se reconocieron su existencia y atribuciones en diferentes disposiciones tales como la Ley Orgánica de la Administración Pública Federal y la Ley Reglamentaria del Artículo 27 Constitucional en el Ramo del Petróleo".

El principal logro de la creación de tal organismo es que el Gobierno Federal por conducto de la CNH (Idem), "dispone de un organismo con autonomía técnica para regular y supervisar la exploración y extracción de carburos de hidrógeno en el país que se encuentren en mantos o yacimientos, cualquiera que fuere su estado físico, incluyendo los estados intermedios y que compongan el aceite mineral crudo, lo acompañen o se deriven de él, así como regular y supervisar las actividades de proceso, transporte y almacenamiento que se relacionen directamente con los proyectos de exploración y extracción de hidrocarburos".

Para la consecución de su objeto y conforme a la Ley de la CNH en su artículo 3 se establece que "la CNH deberá ejercer sus funciones, procurando que los proyectos de exploración y extracción de Petróleos Mexicanos y de sus organismos subsidiarios se realicen con arreglo a las siguientes bases:

Elevar a largo plazo y en condiciones económicamente viables, el índice de recuperación, así como la obtención del volumen máximo de petróleo crudo y de gas natural de los pozos, campos y yacimientos abandonados, en proceso de abandono y en explotación.

Reponer paulatinamente las reservas de hidrocarburos, como garantes de la seguridad energética de la Nación, a partir de los recursos prospectivos con base en la tecnología disponible y conforme a la viabilidad económica de los proyectos.

Utilizar la tecnología más adecuada para la exploración y extracción de hidrocarburos, en función de los resultados productivos y económicos.

Proteger el medio ambiente y lograr la sustentabilidad de los recursos naturales en exploración y extracción petrolera.

Realizar la exploración y extracción de hidrocarburos, cuidando las condiciones necesarias para la seguridad industrial.

Reducir al mínimo la quema y venteo de gas y de hidrocarburos durante su extracción."

Del precepto anterior será interesante evaluar en un periodo no lejano el desempeño de dicho organismo regulador, que en un principio brindará el beneficio de contar con otra perspectiva acerca de las actividades que realiza PEMEX y principalmente de PEP en cuanto a las actividades de exploración y extracción de hidrocarburos, siempre teniendo en cuenta criterios de sustentabilidad, de cuidado al medio ambiente, de seguridad industrial y de eficiencia económica.

El Instituto Mexicano del Petróleo (IMP).-

De acuerdo a la página electrónica del Instituto Mexicano del Petróleo (IMP) creado el 23 de agosto de 1965, es el centro de investigación de México dedicado al área petrolera, cuyos objetivos principales son la investigación y desarrollo tecnológico, la ingeniería y servicios técnicos y la capacitación, así como el otorgamiento de grados académicos, la comercialización de los resultados de la investigación y desarrollo tecnológico y la suscripción de alianzas estratégicas y tecnológicas.

El IMP nació por iniciativa del entonces director general de PEMEX, Jesús Reyes Heroles quien reconoció que la planeación y el desarrollo de la industria petrolera deberían ser congruentes con las necesidades de una economía mixta. Por ello consideró necesario fomentar la investigación petrolera y formar recursos humanos que impulsaran el desarrollo de tecnología propia.

En respuesta a esta exigencia el gobierno federal decidió crear un "organismo descentralizado de interés público y preponderantemente científico, técnico, educativo y cultural, con personalidad jurídica y patrimonio propios, cuya función será buscar la independencia científica y tecnológica en el área petrolera".

Asimismo y de acuerdo a los considerandos de su decreto de creación se establece que Petróleos Mexicanos constituye una empresa estatal y siendo las industrias petrolera y petroquímica de aquellas ramas de la actividad productiva en las que con mayor rapidez se presenta la innovación tecnológica y se exige un mayor saber técnico y una mayor capacitación obrera, lo que hace que requieran de centros para formar trabajadores especializados que estén en aptitud de ejecutar tareas subprofesionales y de adquirir la posibilidad de ascender a niveles superiores.

En dicho decreto también se menciona que es indispensable adecuar la política de innovación tecnológica de la industria petrolera, a la necesidad del país de fomentar industrias derivadas de la petrolera y petroquímica básica y cualesquier trabajos directamente relacionados con aquellas que requiriendo relativamente menores inversiones, originan la creación de mayor número de puestos; por lo que resulta conveniente y útil, la formación de investigadores, profesionistas y técnicos en esas diversas especialidades.

El hacer un recuento de los principales organismos públicos relacionados con la exploración y explotación petrolera en México, así como de su historia y el objeto para el que fueron creados nos proporcionan una visión más amplia de la transformación que ha tenido este sector a lo largo del tiempo y deja la tarea de hacer también un escrutinio de las principales regulaciones en la materia y el objetivo que se perseguía al diseñarlas.

III.4 El Marco Jurídico del petróleo en México

Con el objetivo de establecer las competencias del sector energético relevantes para este trabajo, a continuación se presenta el marco jurídico del sector petrolero:

Como inicio partimos de lo que expresa la Constitución Política de los Estados Unidos Mexicanos (CPEUM) en materia de hidrocarburos:

En el precepto del artículo 25 constitucional se establece que: "El sector público tendrá a su cargo, de manera exclusiva, las áreas estratégicas que se señalan en el Artículo 28, párrafo cuarto de la Constitución, manteniendo siempre el Gobierno Federal la propiedad y el control sobre los organismos que en su caso se establezcan".

Asimismo los preceptos más importantes relativos a la energía se encuentran plasmados en los artículos 27 y 28 de la CPEUM, los cuales a la letra establecen lo siguiente:

Artículo 27. "Corresponde a la Nación el dominio directo de todos los recursos naturales de la plataforma continental y los zócalos submarinos de las islas y en el lecho marino del mar Patrimonial; de todos los minerales o substancias que en vetas, mantos, masas o yacimientos" ...."el petróleo y todos los carburos de hidrógeno sólidos, líquidos o gaseosos y el espacio situado sobre el territorio nacional, en la extensión y términos que fije el Derecho Internacional."

Artículo 28. "En los Estados Unidos Mexicanos quedan prohibidos los monopolios, la (las, sic DOF03-02-1983) prácticas monopólicas, los estancos y las exenciones de impuestos en los términos y condiciones que fijan las leyes.

....

No constituirán monopolios las funciones que el Estado ejerza de manera exclusiva en las siguientes áreas estratégicas: correos, telégrafos y radiotelegrafía; petróleo y los demás hidrocarburos; petroquímica básica; minerales radioactivos y generación de energía nuclear; electricidad y las actividades que expresamente señalen las leyes que expida el Congreso de la Unión.

El Estado contará con los organismos y empresas que requiera para el eficaz manejo de las áreas estratégicas a su cargo y en las actividades de carácter prioritario donde, de acuerdo con las leyes, participe por sí o con los sectores social y privado."

Asimismo de acuerdo al artículo 73, fracción X, de la CPEUM, se establece que el Congreso tiene la facultad para legislar en toda la República sobre hidrocarburos, minería, energía eléctrica y nuclear y según el artículo XXIX, para establecer contribuciones: Sobre el aprovechamiento y explotación de los recursos naturales comprendidos en los párrafos 4° y 5° del artículo 27 y sobre la energía eléctrica y la gasolina y otros productos derivados del petróleo.

De la información presentada hasta el momento, hay una clara definición de la competencia del Estado en la dirección de la política energética en nuestro país, es decir de la propiedad y el dominio directo de los recursos naturales, en este caso de los hidrocarburos, asimismo cabe agregar que la CPEUM en su artículo 42 y de acuerdo a la aprobación de la Naciones Unidas, entiende que el territorio nacional comprende "las aguas territoriales en la extensión y términos que fija el Derecho Internacional y las marítimas interiores" y que alcanza 200 millas náuticas desde el litoral, esto se vuelve particularmente importante para la exploración y extracción de hidrocarburos en aguas profundas.

Ley Reglamentaria del Artículo 27 Constitucional en el Ramo del Petróleo.-

El Reglamento de la Ley Reglamentaria del Artículo 27 Constitucional en el Ramo del Petróleo disponible en la página electrónica de la Secretaría de Energía se publicó para definir con precisión todo aquello que se relaciona con la industria petrolera y delimitar el campo de acción reservado de forma exclusiva a la nación, así como aquellos campos en los que podían intervenir los particulares y los procedimientos para la obtención de los permisos y autorizaciones respectivas.

En el artículo 1 de esta Ley se menciona que "Corresponde a la Nación el dominio directo, inalienable e imprescriptible de todos los carburos de hidrógeno que se encuentren en el territorio nacional, - incluida la plataforma continental- en mantos o yacimientos, cualquiera que sea su estado físico, incluyendo los estados intermedios y que componen el aceite mineral crudo, lo acompañen o se deriven de él".

En el artículo 2 señala que "Sólo la Nación podrá llevar a cabo las distintas explotaciones de los hidrocarburos, que constituyen la industria petrolera en los términos del artículo siguiente".

En esta Ley se comprende con la palabra petróleo a todos los hidrocarburos naturales a que se refiere el Artículo 1.

El artículo 3 define lo que la industria petrolera abarca:

"I. La exploración, la explotación, la refinación, el transporte, el almacenamiento, la distribución y las ventas de primera mano del petróleo y los productos que se obtengan de su refinación;........

III. La elaboración, el transporte, el almacenamiento, la distribución y las ventas de primera mano de aquellos derivados del petróleo y del gas que sean susceptibles de servir como materias primas industriales básicas" .....

En el artículo 4 se establece que "La Nación llevará a cabo la exploración y la explotación del petróleo y las demás actividades a que se refiere el Artículo 3o., que se consideran estratégicas en los términos del Artículo 28, párrafo cuarto, de la Constitución Política de los Estados Unidos Mexicanos, por conducto de Petróleos Mexicanos y sus organismos subsidiarios".

Así también en el artículo 10 se establece la importancia de este sector sobre cualquier otro aprovechamiento de la superficie o subsuelo: "La industria petrolera es de utilidad pública, preferente sobre cualquier aprovechamiento de la superficie y del subsuelo de los terrenos, incluso sobre la tenencia de los ejidos o comunidades y procederá la ocupación provisional, la definitiva o la expropiación de los mismos, mediante la indemnización legal, en todos los casos en que lo requieran la Nación o su industria petrolera."

Ley de Petróleos Mexicanos.-

Esta Ley forma parte de la Reforma Energética del año 2008, publicada en el Diario Oficial de la Federación el 28 de noviembre de dicho año y entre los preceptos más relevantes de dicho documento se encuentran: en su artículo 1 que este ordenamiento tiene como objeto "regular la organización, el funcionamiento, el control y la rendición de cuentas de Petróleos Mexicanos, así como fijar las bases generales aplicables a sus organismos subsidiarios".

En el artículo 2 menciona que "El Estado realizará las actividades que le corresponden en exclusiva en el área estratégica del petróleo, demás hidrocarburos y la petroquímica básica, por conducto de Petróleos Mexicanos y sus organismos subsidiarios de acuerdo con la Ley Reglamentaria del Artículo 27 Constitucional en el Ramo del Petróleo y sus reglamentos". Mediante esta disposición el Estado enajenó su facultad de crear, por así convenir a la Nación, otros organismos similares a Pemex.

Así también se establece en el artículo 3 que "Petróleos Mexicanos es un organismo descentralizado con fines productivos, personalidad jurídica y patrimonio propios, con domicilio en el Distrito Federal, que tiene por objeto llevar a cabo la exploración, la explotación y las demás actividades a que se refiere el artículo anterior, así como ejercer, conforme a lo dispuesto en esta Ley, la conducción central y dirección estratégica de la industria petrolera".

PEMEX está sujeto a un número mayor de regulaciones, sin embargo para este trabajo de investigación se han plasmado solamente las más relevantes comprendidas dentro del marco jurídico que la norma.

III.5. Las políticas públicas en materia de exploración y explotación de petróleo crudo en México a través del tiempo

Una parte toral de esta investigación tiene que ver con la dimensión política que subyace a las políticas de exploración y explotación petrolera. A continuación se presentan algunos de los rasgos más representativos de dichas políticas públicas a lo largo de la vida de PEMEX:

De acuerdo a Morales (*et al*, 1988) los planos que conforman el escenario de la política petrolera tienen 3 dimensiones: "el primero está constituido por las exigencias y el propio derrotero de la industria petrolera: los ciclos de exploración y producción, la evolución de las reservas, las tendencias en el consumo interno, etc" y la segunda dimensión tiene que ver con los intereses políticos y económicos del Estado mexicano y que afectan de manera directa las actividades de PEP y en un tercer nivel se ubica al comportamiento del mercado mundial de petróleo crudo y que como señala (Idem), "ha tenido un efecto muy concreto en sus relaciones con Estados Unidos".

Resumiendo, la política petrolera dependerá de los ciclos de mercado y de las características geológicas, de los intereses políticos y económicos del Estado mexicano y de la presión de los Estados Unidos que busca tener seguro el abasto de este energético.

Como se ha visto a través de los años el Estado mexicano ha tenido una gran incidencia sobre PEMEX, ejemplo de ello es la capacidad del Ejecutivo para designar o remover al Director General y a la mayoría del Consejo de Administración y como menciona

Morales (*et al*, 1988), "esto hizo que PEMEX surgiera con objetivos diferentes a los que habían tenido las compañías privadas. Los objetivos de la empresa han estado relacionados al "nacionalismo" impulsado por los gobiernos emanados de la revolución y por las políticas de promoción industrial y social que pusieron en marcha desde los años cuarenta."

Haciendo un análisis de las políticas petroleras a través del tiempo como establece Morales "de 1947 a 1958 durante la administración del Ing. Antonio Bermúdez, se ampliaron e intensificaron las labores de exploración, situación que proporcionó elementos suficientes para perforar un número creciente de pozos de exploración en busca de nuevos depósitos. Los resultados de estas labores fueron el descubrimiento de 100 campos productores de petróleo y gas durante el periodo señalado y un equilibrio conveniente entre la producción y el descubrimiento de nuevos campos".

El Ing. Antonio Bermúdez señaló en su momento la necesidad de contar con cierta autonomía de gestión en los precios de los productos que vendía este organismo en México y como lo menciona Bermúdez (1960) "los precios pueden ser bajos para que constituyan un estímulo a la producción, pero no tanto que signifiquen un riesgo para el abastecimiento, abundante y oportuno de hidrocarburos", refiriéndose a los productos de la paraestatal y así también era insistente en que el largo ciclo de la producción que es característico de la industria petrolera podría traducirse en una reducción de las inversiones y que disminuyeran considerablemente las reservas.

Es de resaltar que desde la última administración de Antonio Bermúdez (1952-1958) ya se presentaba un conflicto por la autonomía que solicitaba PEMEX respecto al manejo financiero por parte del Estado en el entendido que este organismo cumpliera como señala Bermúdez (1960) "con libertad, seguridad económica e independencia política", quién buscó la creación de una empresa paraestatal separada de la estructura administrativa del Estado y que sus decisiones fueran tomadas por los órganos directivos de la misma con independencia de otros sectores del gobierno (como SHCP, SENER, Economía, etc.), e incluso con cierta autonomía del Ejecutivo; en ese periodo las empresas estatales no estaban contempladas en el presupuesto federal pero si se les definían cosas fundamentales como los precios de los productos que generaban.

Como una muestra del conflicto por la autonomía que ha tenido PEMEX a través del tiempo, al finalizar el periodo del Director Bermúdez como lo señala Morales (*et al*, 1988), "el Estado" posterior a la devaluación de 1954 decidió por 19 años (1954 a 1973) congelar los precios de todos los productos que PEMEX vendía domésticamente para beneficiar a los consumidores nacionales y durante dicho periodo la economía nacional alcanzó altas tasas de crecimiento y se logró financiar gran parte del gasto público.

El periodo de 1947-1958 fue interesante debido al enfoque que le dio a la paraestatal el Ing. Antonio Bermúdez y conforme se estableció en el Informe del Director General (1952), fijó los objetivos de la empresa, que eran: "conservar y dar buen aprovechamiento a los recursos petroleros, abastecer de manera abundante y oportuna de productos petrolíferos al mercado interno, exportar solo de manera marginal, contribuir a los gastos públicos mediante el pago de impuestos y crear beneficio colectivo donde se explotara petróleo".

También es importante mencionar que de acuerdo a Morales (*et al*, 1988) la administración del Director Bermúdez fue una etapa difícil dado los intentos de diferentes gobiernos extranjeros de hacer un boicot al petróleo mexicano, como represalia ante la expropiación de 1938 (PEMEX perdió mercados de exportación, proveedores de maquinaria y refacciones, capital humano especializado, etc.).

En dicho periodo según Morales (*et al*,1988) la empresa tuvo problemas al enfrentar a los trabajadores petroleros, los cuales como ya se mencionó desde 1935 habían formado el STPRM y donde sus demandas laborales resultaron determinantes en el proceso que llevó al Presidente Lázaro Cárdenas a nacionalizar las compañías extranjeras petroleras en México; por lo que el inicio de esta nueva empresa mexicana tuvo sus pilares en dicho sindicato, lo que llevó al incremento del número de trabajadores, prestaciones y gastos operativos.

Desde esas fechas ya se advertía la insuficiencia de recursos financieros para cubrir las necesidades de inversión y expansión de la paraestatal e incluso ya se acudía al sistema financiero para obtener fondos; así también es necesario señalar que durante la administración del Ing. Bermúdez se celebraron cinco contratos-riesgo de exploración y perforación de petróleo para la zona marina con cuatro empresas extranjeras; sin embargo nunca fueron ejecutados debido a que estos documentos fueron firmados bajo la presión de instituciones extranjeras y del propio gobierno de los Estados Unidos de Norteamérica, dada la coyuntura que el país no tenía crédito y necesitaba de recursos y fue hasta 1969-1970 que finalmente se rescindieron por completo dichos contratos riesgo.

En la administración del presidente Adolfo López Mateos (1959-1964) fue nombrado Pascual Gutiérrez Roldán como Director General de PEMEX, el cual tenía experiencia en el sector financiero y en el siderúrgico debido a que fue Director General de Altos Hornos de México (AHMSA) y en ese tiempo las finanzas ya eran el principal problema de la paraestatal.

Según Morales (*et al*, 1988) en dicho periodo se le dio atención especial al área de la petroquímica y la inversión que se hizo en la exploración se realizó sin el rigor técnico necesario, de tal manera que la cantidad de ampliación de las reservas y de la producción generada fue pequeña; además se promovió la firma de contratos con la iniciativa privada, lo cual incrementó aún más los gastos de operación de PEMEX por encima de los ingresos por concepto de ventas dado que dicho "contratismo" se prestó a compras por recomendación y a que los mismos funcionarios de PEMEX crearan empresas para dar servicio a la paraestatal.

Asimismo no se logró resolver el problema financiero de PEMEX dada la continuidad de la "política de Estado" de mantener la fijación de los precios de los productos que comercializaba dicho organismo con el objetivo de apoyar el proceso de industrialización mexicano.

Durante la administración del Presidente Adolfo López Mateos, de 1959 a 1964, el Director General de PEMEX fue Pascual Gutiérrez Roldán, donde este último de acuerdo a Morales (*et al*, 1988), promovió la celebración de contratos con particulares, es decir se dio la proliferación del contratismo y las actividades de exploración disminuyeron debido a la prioridad que se otorgó a las inversiones en producción y refinación. Como un ejemplo según Pérez y Solana (1967) "los pozos de exploración se redujeron de 132 en 1959 a 70 en 1963", descuidándose totalmente la reposición de reservas.

Durante la dirección de Jesús Reyes Heroles (1965-1970) se realizó un esfuerzo en la planeación a largo plazo, se creó el Instituto Mexicano del Petróleo donde el primer Director fue el Ing. Antonio Dovalí Jaime (el cual fue Director de la Facultad de Ingeniería de la Universidad Autónoma de México) y además se intensificó la exploración cada vez a mayores profundidades, también se amplió el área de exploración costa afuera y se emprendió un programa de recuperación y reparación de pozos ya existentes.

De acuerdo al informe del Director General de PEMEX (1970) "durante ese periodo el monto de la inversión en el área de exploración (entre 8 y 22% de la inversión programada) y la preponderancia que se dio a los criterios geológicos y geofísicos, coadyuvaron a que durante estos años se descubrieran vastas zonas con amplias potencialidades", lo que llevó a grandes descubrimientos en el sureste de México.

En la administración del Presidente Luis Echeverría (1970-1976), el Director General de PEMEX fue el Ing. Antonio Dovalí, el cual propuso incrementar la relación reservas/producción de 18 a 20 años, es decir se dio la gran expansión de exploración y desarrollo de yacimientos, la cual se hizo con el objetivo de abastecer al mercado local solamente y para ello se intensificó la exploración y desarrollo de yacimientos en el Sureste y lanzar la exploración a las zonas de la plataforma marina de Campeche y Tabasco, lo cual fue apoyado por la liberalización de los precios de los productos que generaba PEMEX a principios del año de 1973, con lo que ganó capacidad de financiamiento para la exploración.

Así también se realizaron estudios geológicos y geofísicos de nuevas áreas como el sur de Veracruz, en Tabasco y Chiapas, además en este periodo se perforó el primer pozo de la plataforma en la Sonda de Campeche. Durante su gestión se definieron dos objetivos básicos para la industria petrolera: pugnar por la autosuficiencia de crudo y conservar la riqueza petrolera.

Así también según menciona Morales (*et al*, 1988) durante este periodo se creó el Centro de Proceso Digital dentro del Instituto Mexicano del Petróleo con el objetivo de dotar de mayor tecnología a la actividad exploratoria en Chiapas, Tabasco, Baja California y Golfo de Tehuantepec. Lo anterior llevó al descubrimiento de yacimientos extraordinariamente importantes, sin embargo los recursos con los que contaba PEMEX frenaban su crecimiento a la perforación "costa afuera".

Así entonces en 1974 los grandes campos descubiertos como Cactus, Sitio Grande, Samaria, Cunduacán, Iride y Níspero, estaban en producción con una tasa anual de crecimiento de la producción del 20% entre 1973 y 1976, lo que llevó a la empresa a estimar elevar la producción de crudo a un millón de barriles diarios para 1976 y tal producción estaría destinada totalmente a cubrir la demanda interna.

Además en dicho periodo se inició la construcción de los complejos petroquímicos de Morelos, Cadereyta y Tula, reconociendo la importancia de darle valor agregado al petróleo y también se comenzaron los trabajos de exploración del gas pizarra o gas lutita (shale gas) en el Golfo de Sabinas, sin embargo en ese tiempo aún no se contaba con la tecnología fracking, la cual utiliza agua mezclada con productos químicos y arena, que se inyectan a alta presión en los yacimientos encerrados en la roca densa del subsuelo profundo para liberar el gas natural, además que se requería de perforación horizontal (direccional).

Según Morales (*et al*, 1988) se compartía la visión "que debía hacerse una planeación que definiera el mejor uso de los recursos petroleros, de acuerdo con los objetivos y necesidades energéticas de largo plazo, que debían aplicarse estrictos criterios de conservación de los recursos y darse prioridad a la exploración en busca de nuevas reservas y que los nuevos depósitos de petróleo no podrían ser considerados como una panacea para resolver los múltiples problemas económicos que padece México". Conclusión confirmada por el entonces Secretario del Patrimonio Nacional y Presidente del Consejo de Administración de PEMEX, el Embajador Francisco Javier Alejo López.

Sin embargo ante el deterioro de las finanzas públicas, de la situación económica del país y del embargo petrolero (1973-1976), PEMEX enfrentó una gran presión por parte de la Oficina de la Presidencia de la República para incrementar de una manera sustancial las exportaciones de petróleo crudo.

En el periodo de 1977 a 1982 conforme a Morales (*et al*, 1988), durante la administración del Presidente José López Portillo, el director fue el Ing. Jorge Díaz Serrano, propietario y Director de la empresa Perforaciones Marítimas del Golfo (PERMARGO), la cual era una de las principales contratistas de PEMEX en ese entonces.

El Ing. Díaz se dió a la tarea de consolidar la política de exportación de petróleo crudo apoyada en la crisis económica de finales del año 1976 y la salida de un grupo de técnicos y funcionarios de PEMEX que se oponían por razones técnicas e ideológicas a una política agresiva de exportación de petróleo crudo y donde el rasgo común durante esa administración fue la política de expansión acelerada de las exportaciones de petróleo crudo y se tomó a las "petrodivisas" como palanca de desarrollo.

Asimismo como establece Morales (*et al*, 1988) impulsada por una certificación de las reservas petroleras del IMP y de una firma valuadora internacional (De Golyer and MacNaughton), las buenas perspectivas justificaron una acelerada expansión en PEMEX y algunos créditos importantes comenzaron a fluir a México a finales de 1976 bajo condiciones preferenciales por parte de la banca internacional, sin embargo el error del argumento central de la política expansionista del Director de PEMEX era que el incremento de las metas de producción como instrumento generador de divisas suponía que los precios internacionales del crudo se mantendrían altos y que la demanda mundial por dicho energético seguiría creciendo. Es así como a mediados de 1981 la perspectiva petrolera mexicana cambió debido a la sobreoferta mundial de crudo y por consecuencia a la caída de los precios internacionales, además de la salida del Director Jorge Díaz.

De 1982 a 1988 se continúa con la política de venta de petróleo crudo al exterior, sin embargo los precios de dicho energético ya no son los mismos que los de la década anterior y según Morales (*et al*, 1988) el volumen de las inversiones de PEMEX se contrajo de poco más de 170 mil millones de pesos en 1981 a poco menos de 50 mil millones de pesos (a pesos de 1980), así también los complejos petroquímicos como la Cangrejera se frenaron y se cuestionaba su viabilidad, las exportaciones de crudo disminuyeron de 1.5 millones de barriles diarios en 1982 a 1.2 millones en 1986. Por lo anterior el petróleo no se consideraría más como palanca de desarrollo.

Durante esta etapa las grandes inversiones en proyectos gigantes y las fuertes inversiones en movilizar recursos humanos y materiales que se habían hecho en la administración anterior tuvieron que detenerse.

Teniendo en cuenta estas políticas públicas de administraciones anteriores, ahora analizaremos las más recientes.

III.6.- La importancia económica de PEMEX

Como se vio en el apartado III.1 dentro del tema de la energía, el petróleo es actualmente el combustible más importante a nivel mundial. Según datos del Instituto Nacional de Estadística y Geografía (INEGI) señalan que en México el sector hidrocarburos representó el 8.3% del PIB en el año 2006, el 7.8% en el 2007 y del 7.4% en el 2010 y a su vez los ingresos totales del gobierno federal oscilan entre el 19 y el 24% del PIB, como se puede observar en la gráfica 3.1

Ingresos totales e Ingresos Petroleros como proporción del PIB, 2001-2010

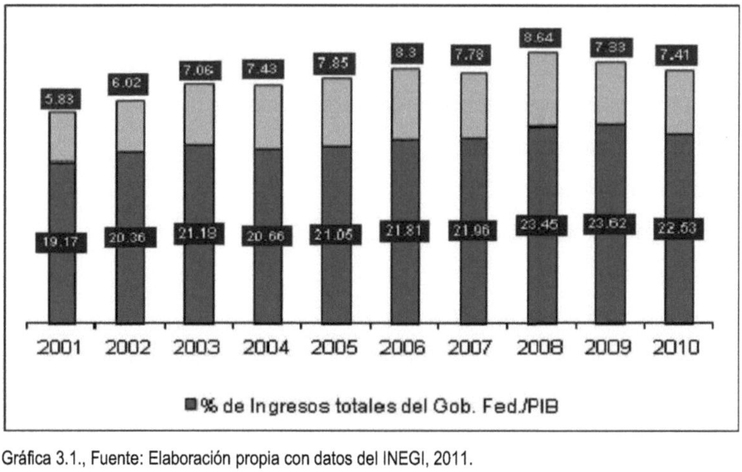

Gráfica 3.1., Fuente: Elaboración propia con datos del INEGI, 2011.

Conforme a datos de la Agencia Norteamericana de Información de la Energía (EIA por sus siglas en inglés), México es actualmente el segundo mayor exportador de petróleo crudo hacia los Estados Unidos de Norteamérica (951 mil barriles diarios al mes de noviembre de 2009), solo debajo de Canadá.

PEMEX es hoy en día el séptimo productor de petróleo en el mundo y está evaluada como la décimo primer compañía integrada a nivel mundial, según la revista especializada Petroleum Intelligence Weekly.

De acuerdo a su portal PEMEX es el único productor de crudo, gas natural y petrolíferos en México, la fuente más importante de ingresos del Gobierno Federal y la empresa más grande del país.

Al día de hoy de acuerdo a la EIA, PEMEX se ha convertido en una de las petroleras más grandes del mundo, tanto en términos de activos como de sus ingresos (1,329 miles de millones de pesos al cierre de 2008).

Según información de la página electrónica de la Secretaría de Energía, PEMEX da empleo a 143,421 trabajadores (al cierre del año 2008), de los cuales 28,566 son de confianza y 114,855 son sindicalizados, más todos los indirectos que genera esta industria.

Por lo anterior y dado el peso preponderante de los combustibles fósiles en la producción nacional de energéticos, surge el interés de acotar el presente estudio del sector petrolero, en específico a la exploración y explotación de petróleo crudo en México.

De acuerdo a la información encontrada en el Informe Anual de PEMEX (2008) se cuenta con las siguientes estadísticas generales de la empresa:

Campos en producción: 344

Pozos en explotación: 6,382

Plataformas marinas 225

Refinerías: 6

Terminales de almacenamiento y reparto: 77

En México PEMEX es nuestra petrolera paraestatal la cual fue designada como un monopolio legitimado por nuestra constitución para la exploración y explotación de hidrocarburos.

De acuerdo a la página electrónica de PEMEX, la producción mexicana de petróleo al año 2008 fue de 2.79 mbd (millones de barriles diarios), es decir el séptimo lugar a nivel mundial y en cuanto al consumo fue de 2,128 mbd, el 12 lugar a nivel mundial.

De la información presentada hasta el momento en este capítulo podemos observar la relevancia de la industria petrolera en su peso relativo a la producción total del país, como suministrador de energéticos, etc., por ello es deseable generar políticas públicas que permitan su desarrollo adecuado, siempre teniendo en mente el balance entre el crecimiento económico y el cuidado del medio ambiente.

Dicotomía de PEMEX y la estructura fiscal

De acuerdo a su portal electrónico, PEMEX es un organismo en el marco de una compañía del Estado mexicano en la que todos los mexicanos somos dueños de ella y que se encarga de explotar los recursos naturales propiedad de la nación, es decir es un operador creado por la nación para extraer los hidrocarburos del subsuelo mexicano, sin embargo tal como lo describe Hardin (1968) en su libro "La tragedia de los Comunes" (o Tragedia de los Colectivos): en este tipo de propiedades (o recursos propiedad de todos) los cuales se comparten con un grupo grande de actores se tiene el riesgo que nadie tenga los incentivos necesarios para el adecuado uso de ella, dado que la propiedad es un bien común.

En dicho libro Hardin menciona que la tragedia de los comunes es un tipo de trampa social, normalmente económica, que lleva a un conflicto sobre los recursos al implicar intereses o beneficios individuales y bienes públicos. Además establece que el acceso sin restricciones a un recurso "comunal" finito, conduce a la sobreexplotación y el agotamiento de dicho recurso.

Esto ocurre porque los grupos o actores que explotan el recurso no cargan directamente con los costos de su explotación, con lo que tienden a maximizar su uso hasta el punto en el que se hacen dependientes de él, con un aumento de la demanda del recurso hasta su agotamiento o deterioro; en otras palabras "lo que es de todos no es de nadie", aunque hay que mencionar que la validez de esta frase depende del marco institucional que prevalezca, es decir aplica donde no existe un engranaje institucional adecuado y lo anterior se puede emplear de una forma muy clara al caso de la utilización de los hidrocarburos en México a través de la petrolera paraestatal PEMEX.

En este orden de ideas entre los diferentes grupos que tienen interés directamente en cómo se explotan los hidrocarburos en nuestro país, se encuentran diversos actores como por ejemplo:

a) Los funcionarios en turno de PEMEX y de PEP,
b) Los trabajadores sindicalizados y de confianza, -los cuales pueden ser un factor importante de éxito para PEMEX en estos momentos-,
c) La Oficina de la Presidencia de la República,
d) La Comisión Nacional de Hidrocarburos,
e) La Secretaria de Hacienda y Crédito Público (SHCP),
f) La Secretaría de Energía (SENER),
g) Los legisladores (diputados y senadores),
h) Los gobernadores de las entidades federativas,
i) Los presidentes municipales,
j) La Secretaría de Medio Ambiente y Recursos Naturales (SEMARNAT),
k) La Secretaría de la Función Pública (SFP),
l) La Auditoria Superior de la Federación (ASF),
m) Las empresas contratistas y proveedores de bienes y servicios nacionales,
n) Las empresas petroleras extranjeras y
o) Los gobiernos de otros países.

El 4 de septiembre de 2009 se publicó en el Diario Oficial de la Federación, el Reglamento de la Ley de Petróleos Mexicanos, el cual regula la ejecución de la Ley de Petróleos Mexicanos. En tales disposiciones se establece que el gobierno federal y sus dependencias regulan y supervisan las operaciones de PEMEX. El titular de la SENER actúa como Presidente del Consejo de Administración; la SHCP aprueba el presupuesto anual de PEMEX y de los Organismos Subsidiarios y los somete al Congreso de la Unión para su aprobación; esto nos habla del control que sigue teniendo el gobierno federal sobre este organismo público descentralizado.

Además PEMEX está obligado diariamente a enterar impuestos y derechos sobre el petróleo e hidrocarburos a la SHCP, así como de otros impuestos y derechos pagados por algunas de las subsidiarias.

Las tasas de los impuestos y derechos sobre hidrocarburos que establece el Congreso de la Unión pueden variar año con año y se determinan después de considerar el presupuesto operativo, el programa de inversiones y las necesidades financieras de PEMEX.

Es necesario señalar que la Ley de presupuesto de egresos de la federación que se publica cada año le permite a la SHCP tener las suficientes facultades para administrar el presupuesto de PEMEX y hace a toda la legislación nugatoria dado que tiene consideraciones de carácter general, lo que en la práctica da pie a un exceso de facultades supralegales por encima de la legislación existente, abriendo la posibilidad a la SCHP de micro-administrar a PEMEX y a PEP.

Como vimos en el primer capítulo durante el año 2008 PEMEX contribuyó aproximadamente en un 37% a los ingresos del Gobierno Federal y con 31% en el año 2009. Lo anterior varía principalmente dependiendo de la plataforma de producción petrolera, del régimen tributario (Ley Federal de Derechos y Ley de Ingresos) y sobre todo del precio internacional del crudo durante el año y del tipo de cambio.

Bajo este régimen fiscal existen derechos previstos en la Ley Federal de Derechos aplicables a PEP, mientras que los gravámenes contenidos en la Ley de Ingresos de la Federación son aplicables a los otros Organismos Subsidiarios. La Ley de Ingresos de la Federación se discute y aprueba anualmente por el Congreso de la Unión, es decir dependiendo de los intereses políticos de cada año se establecen los porcentajes aplicables a PEP.

A partir del año 2008, el régimen fiscal de PEP consiste en los siguientes derechos:

a) Derecho Ordinario sobre Hidrocarburos.- Este derecho aplica al valor de la producción total de petróleo crudo y gas natural extraídos en el año, menos las deducciones permitidas (tales como inversiones específicas, ciertos gastos y costos y otros derechos, entre otras).

En el año 2009 la tasa aplicada al derecho en comento, fue del 73.5%. En el 2010, se aplicó una tasa del 73%, de 72.5% para el año 2011 y del 71.5% desde 2012. La deducción de los costos no deberá exceder de $6.50 usd. por barril de petróleo y de $2.70 usd. por mil pies cúbicos de gas natural no asociado, esto es a lo que se conoce en el sector petrolero como el "Cost Cap".

Asimismo a partir del 14 de noviembre de 2008, el Derecho Ordinario sobre Hidrocarburos no es aplicado al valor del petróleo y gas natural extraído de los campos localizados en el Paleocanal de Chicontepec y en las aguas profundas del Golfo de México, dado que se estableció que la extracción de petróleo y gas de estos campos está sujeta al Derecho de Extracción de Hidrocarburos, al Derecho Especial sobre Hidrocarburos para Campos en el Paleocanal de Chicontepec y el Derecho Especial sobre Hidrocarburos para Campos en aguas profundas.

b) Derecho sobre Hidrocarburos para el Fondo de Estabilización.- Este derecho se pagará cuando en el año el precio promedio ponderado del barril de petróleo crudo exportado exceda de $22.00 usd. La tasa aplicable será del 1% al 10%, dependiendo del precio promedio, cuyo tope será de, $31.00 usd, precio a partir del cual se pagará la tasa del 10% (lo cual ha sucedido desde el año 2008).
c) Derecho para la Investigación Científica y Tecnológica en Materia de Energía.- Se aplicó una tasa de 0.30% al valor de la producción de petróleo crudo y gas natural extraídos en el año 2009, de 0.40% en 2010, 0.50% en 2011 y 0.65% a partir del 2012.
d) Derecho para la Fiscalización Petrolera.- Se aplica una tasa de 0.003% al valor de la producción de petróleo crudo y gas natural extraídos en el año (esto tiene que ver con recursos para que PEMEX sea fiscalizada por la ASF, SHCP y la SFP).
e) Derecho Extraordinario sobre la Exportación de Petróleo Crudo.- Se aplica una tasa de 13.1% sobre el valor que resulte de multiplicar la diferencia que exista entre el precio promedio ponderado anual del barril de petróleo crudo mexicano y el precio de petróleo crudo presupuestado por el volumen anual de exportación.

f) Derecho Único sobre Hidrocarburos.- Para este derecho se aplicará una tasa flotante anual al valor del petróleo crudo y gas natural extraído de los pozos abandonados o en proceso de ser abandonados. La tasa fluctuará entre 37% y 57%, dependiendo del precio promedio ponderado de exportación del petróleo crudo mexicano, entre mayor sea el precio promedio, mayor será la tasa que pagará.

Cabe mencionar que algunos de los derechos pagados por PEMEX, por ejemplo en el año 2009 no tuvieron impacto en el flujo de efectivo de la empresa, porque fueron acreditados contra otros impuestos y derechos, o fueron deducidos de la base impositiva de otros derechos, como por ejemplo:

El Derecho Extraordinario sobre la Exportación de Petróleo Crudo, es deducible del Derecho Sobre Hidrocarburos para el Fondo de Estabilización;

El Derecho Extraordinario sobre la Exportación de Petróleo Crudo, el Derecho para la Investigación Científica y Tecnológica en Materia de Energía y el Derecho para la Fiscalización Petrolera son deducibles de la base impositiva del Derecho Ordinario sobre Hidrocarburos; el monto pagado con relación al Derecho sobre Hidrocarburos para el Fondo de Estabilización después de acreditar el Derecho Extraordinario sobre la Exportación de Petróleo Crudo es deducible de la base impositiva del Derecho Ordinario sobre Hidrocarburos y a partir del año 2010, la parte proporcional del Derecho para la Investigación Científica y Tecnológica en Materia de Energía, el Derecho para la Fiscalización Petrolera y el Derecho sobre la Extracción de Hidrocarburos, son deducidos de la base gravable del Derecho Especial sobre Hidrocarburos.

Dado lo anterior la variación de los precios del petróleo afecta directamente los niveles de pago de ciertos impuestos.

El régimen fiscal de PEMEX y los Organismos Subsidiarios, a excepción de PEP consiste en los siguientes impuestos:

a) Impuesto a los Rendimientos Petroleros: Este impuesto se calcula aplicando al rendimiento neto, una tasa de 30%, de conformidad con la Ley de Ingresos de la Federación para el año fiscal correspondiente.

b) El IEPS es un impuesto indirecto sobre las ventas internas de gasolinas y diesel, que PEMEX Refinación recauda en representación del Gobierno Federal. El IEPS sobre la venta de gasolinas y diesel es equivalente a la diferencia entre el precio de referencia internacional de cada producto (ajustado por costos de flete, manejo y factor de calidad) y el precio de menudeo del producto a sus clientes (sin incluir el IVA, el margen comercial y los costos de flete). De este modo, el Gobierno Federal busca que PEMEX conserve un monto que refleje los precios internacionales de estos productos, mientras el Gobierno Federal se allega la diferencia entre los precios internacionales y los precios a los cuales dichos productos se venden en México.

Desde el año 2005 como resultado de las reglas para determinar este impuesto, algunas tasas han resultaron negativas. La Ley de Ingresos de la Federación de 2006 a 2009 estableció que los montos que resulten de las tasas del IEPS negativo pueden acreditarse contra el IEPS a cargo y si hubiera remanente se podría acreditar contra el IVA y si existiese todavía excedente, contra el Derecho Ordinario sobre Hidrocarburos.

Esquema para PEP a partir de noviembre de 2008.-

El 13 de noviembre de 2008 se publicó en el Diario Oficial de la Federación una modificación a la Ley Federal de Derechos, que otorga un tratamiento diferenciado a los campos con base en sus características geológicas mediante dos nuevos derechos que consideran límites de deducibilidad fiscal diferenciados aplicables al Paleocanal de Chicontepec y a los proyectos de aguas profundas en el Golfo de México. Como parte de esta reforma el régimen fiscal aplicable a PEP a partir del 1 de enero de 2009 adiciona los siguientes derechos:

a) Derecho Especial sobre Hidrocarburos para Campos en el Paleocanal de Chicontepec.- Se aplica una tasa de 71.5% al valor anual de petróleo crudo y gas natural extraído de los campos en el Paleocanal de Chicontepec, menos ciertas deducciones permitidas (tales como inversiones específicas, ciertos gastos y costos, entre otras, sujetas a ciertas condiciones).

b) Derecho Especial sobre Hidrocarburos para Campos en Aguas Profundas.- Se aplica un tasa de entre 60% y 71.5% al valor anual de petróleo crudo y gas natural de los campos en aguas profundas, menos ciertas deducciones permitidas (tales como inversiones específicas, ciertos gastos y costos, entre otras, sujetas a ciertas condiciones).
c) Derecho sobre la Extracción de Hidrocarburos.- Se aplica una tasa flotante anual de entre 10% y 20% al valor anual de petróleo crudo y gas natural extraídos de los campos en el Paleocanal de Chicontepec y de los campos en aguas profundas. La tasa fluctúa dependiendo del promedio del precio de exportación del petróleo mexicano.

En el año 2009 la Ley Federal de Derechos definió como campos en aguas profundas, aquellos campos que en promedio, sus pozos se encuentren ubicados en zonas con un tirante de agua superior a 500 metros.

Relación entre ingresos tributarios y petroleros.-

Como ya mencionamos los tres niveles de gobierno son altamente dependientes de los ingresos provenientes de PEMEX, los cuales son obtenidos mediante impuestos y derechos, por lo que el actor más interesado en los resultados de este organismo público descentralizado es el gobierno federal a través de la Secretaría de Hacienda, dado que de ello depende en gran parte el gasto que pueda hacer en el año.

Así también los partidos políticos tienen fuertes incentivos para hacer cambios en la Ley Federal de Derechos de manera determinada debido a los compromisos que realizan los dirigentes de dichas fracciones para continuar con el apoyo de ciertos sectores de la población, tal es el caso del Sindicato de Trabajadores Petroleros de la República Mexicana, o empresas contratistas de PEMEX, o bien pueden autorizar un mayor o menor presupuesto a la producción o exploración de petróleo crudo, a través de modificaciones al Presupuesto de Egresos de la Federación.

Trayectoria y tendencias en materia de ingresos petroleros.-

La actual estructura tributaria en México depende fundamentalmente del desempeño del precio y de la producción de petróleo cada año; sin embargo los diferentes grupos de interés han detenido sistemáticamente reformas importantes en materia fiscal que ayuden a disminuir esta dependencia.

La falta de nuevos mecanismos para obtener ingresos adicionales por parte del gobierno federal obligan a la SHCP a seguir dependiendo año con año de los ingresos petroleros.

Existen sectores privilegiados fiscalmente en el país que utilizan distintas formas de presión para conservar dichas ventajas, lo que provoca que el gobierno federal se enfoque principalmente en recaudar ingresos por medio de las ventas de PEMEX.

Como ya hemos mencionado, para el gobierno federal son muy importantes los ingresos que provienen de la exportación de petróleo crudo; por lo cual un asunto toral es el precio por barril que obtenga la mezcla mexicana de petróleo; sin embargo la estimación del precio por parte de la Secretaría de Hacienda y Crédito Público hasta antes del año 2006, para fines del Presupuesto de Egresos de la Federación, se determinaba mediante un debate político en la Cámara de Diputados, pero a partir de abril de dicho año, en el artículo 31 de la Ley Federal de Presupuesto y Responsabilidad Hacendaria se estableció la manera en que se debe estimar el precio fiscal máximo de referencia del petróleo, el cual tiene que ver con un promedio histórico de los precios y el promedio de los precios a futuro del crudo texano West Texas Intermediate (WTI), que se comercializa en la Bolsa de Valores de Nueva York (New York Stock Exchange).

En la siguiente figura 3.3 podemos examinar que para el periodo presentado, en la mayoría de las ocasiones el precio programado es mayor al observado y con porcentajes muy elevados como en el año 2008, pero también mucho menores como en el 2009; por lo que el riesgo que enfrentan las finanzas públicas debido a la inestabilidad de los precios del petróleo es latente y muestra de ello fue lo sucedido durante 2008 y 2009 con la baja en los precios del energético, provocando un desequilibrio en el presupuesto del gobierno federal.

DIFERENCIA ENTRE EL PRECIO DE PETRÓLEO PROGRAMADO Y OBSERVADO
(Dólares por barril de la mezcla mexicana de petróleo crudo de exportación)

Año	Propuesto por el Ejecutivo	Programado (a)	Observado (b)	Diferencia (b)-(a)
2000	15.5	15	24.64	9.64
2001	18	18	18.57	0.57
2002	17	15.5	21.53	6.03
2003	17	18.35	24.74	6.39
2004	20	20	31.02	11.02
2005	23	27	42.73	15.73
2006	31.5	36.5	53.05	16.55
2007	42.5	42.8	61.72	18.92
2008	46.61	49	84.35	35.35
2009	80.3	70	57.44	-12.56
2010*	53.9	60.5	70.27	9.77

* Cifras a julio de 2010

Figura 3.3, Fuente: Elaboración propia con base en datos de Indicadores Petroleros de PEMEX y del Centro de Estudios para las Finanzas Públicas con base en datos de Criterios Generales de Política Económica 2010.

a. Situación financiera (antes y después de impuestos)

A continuación se analizará la figura 3.4, la cual contiene los resultados consolidados de PEMEX del año 2005 al 2010, con el objetivo de revisar la situación financiera de dicho organismo.

Resultados Consolidados PEMEX 2005-2010

Resultados consolidados	2005	2006	2007	2008	2009	2010
Estado de resultados						
Ingresos totales *	908.4	1062.5	1136.0	1329.0	1089.9	1282.1
Variación	26.4%	17.0%	6.9%	17.0%	-18.0%	17.6%
Rendimiento de operación	498.8	581.3	590.4	571.1	428.3	545.5
Impuestos, derechos y aprovechamientos	580.6	582.9	677.3	771.7	546.6	654.1
Impuestos, derechos y aprov./Ventas totales	63.90%	54.86%	59.62%	58.07%	50.15%	51.02%
Impuestos, derechos y aprov./Rend. de operación	116.40%	100.26%	114.71%	135.12%	127.63%	119.91%
Rendimiento neto	-76.3	45.3	-18.3	-112.1	-94.7	-47.5
EBITDA**	595.7	786.2	833.7	969.6	649.8	829.4
EBITDA/Costo financiero***	11.3	17.7	14.4	13.0	8.3	11.2
Inversión						
TOTAL ****	127	150.4	170.1	201.7	251.9	268.5
Exploración	14.7	130.1	148.8	178.3	226.4	239.4

Cifras en miles de millones de pesos
* Incluye ingresos por servicios y excluye IEPS
** Utilidad antes de impuestos, depreciación y amortización
*** Incluye el efecto de derivados financieros y no incluye intereses capitalizables
**** Incluye inversión capitalizable en mantenimiento de exploración, producción y refinación

Figura 3.4, Fuente: PEMEX en cifras, mayo 2011, http://www.ri.pemex.com/index.cfm

De acuerdo a la página de internet de PEMEX (cifras a mayo de 2011), los ingresos por ventas totales en el año 2010 fueron de 1,282.1 miles de millones de pesos (mmdp, incluyendo ingresos por servicios y excluye IEPS), superando casi en un 18% las ventas del 2009.

También podemos mencionar que el excedente o superávit de operación de PEMEX en el año 2010 fue de 545.5 mmdp, un incremento importante con respecto al 2009 (27.3%), pero no se logran aún los niveles de 2008 de 571.1 mmdp; así también para el año 2010 tuvo un EBITDA (por sus siglas en inglés) de 829.4 mmdp, que es la utilidad antes de intereses, impuestos, depreciación y amortización; sin embargo PEMEX de acuerdo al régimen fiscal que acabamos de revisar, tuvo que pagar de impuestos, derechos y aprovechamientos por la cantidad de 654.1 mmdp, lo que generó que tuviera un rendimiento neto negativo de 47.5 mmdp.

Estos son resultados esperados dada la política pública de seguir restringiendo a PEMEX a través del régimen tributario al que está sometido.

Es decir la empresa si es razonablemente rentable antes de aplicarle el régimen fiscal actual, a pesar de todos los problemas que enfrenta PEMEX al día de hoy, por ello es importante analizar que lineamientos de políticas públicas pudieran implementarse para otorgarle una mayor flexibilidad y poder de decisión, con el objetivo de lograr la sustentabilidad operativa y financiera en el largo plazo.

La astringencia de recursos también ha provocado que PEMEX tenga que buscar financiamiento para sus proyectos de inversión (no solamente en exploración sino también en producción y mantenimiento) y como veremos más adelante su nivel de deuda se incrementó del año 2008 al 2009. Regresando a la figura 3.4, un rubro importante que se muestra es la razón financiera EBITDA/Costo financiero, que pasó de 13.0 a 8.3 de 2008 a 2009 (la cual incluye el efecto de derivados financieros y no incluye intereses capitalizables), es decir la razón disminuyó porque su costo financiero subió, pero mejoró un poco entre el 2009 y el 2010 al pasar de 8.3 a 11.2

Para tener una mejor idea de que tan rentable es PEMEX será interesante comparar algunas otras razones financieras y operativas con otras petroleras paraestatales, las cuales se presentan a continuación:

Algunos indicadores relevantes de PEMEX, PETROBRAS y STATOIL

México Indicadores	2004	2005	2006	2007	2008	Promedio en 5 años	Promedio de otras petroleras paraestatales
EBITDA / Ingresos Totales	59.5	54.4	61.2	59.7	57.9	58.4	45.3
EBITDA / Total de activos	49.3	49	56.1	51.1	62.2	53.4	34.9
Tasa de restitución de reservas (%)	22.04	26.01	40.86	50.21	71.79	42.2	95.8
Producción / Total de empleados	15.02	14.77	14.63	14.52	13.21	14.4	20.6

Brasil Indicadores	2004	2005	2006	2007	2008	Promedio en 5 años	Promedio de otras petroleras paraestatales
EBITDA / Ingresos Totales	52.6	50.18	50.59	39.9	45.38	47.8	45.3
EBITDA / Total de activos	43.32	47.26	48.14	34.58	52.9	45.2	34.9
Tasa de restitución de reservas (%)	103.78	249.12	47.44	132.31	36.01	113.6	95.8
Producción / Total de empleados	25.15	25.43	22.79	21.69	11.16	21.23	20.6

Noruega Indicadores	2004	2005	2006	2007	2008	Promedio	Promedio de otras petroleras paraestatales
EBITDA / Ingresos Totales	21.28	24.19	31.88	26.29	30.34	26.8	45.3
EBITDA / Total de activos	26.14	32.93	36.23	28.44	34.42	31.6	34.9
Tasa de restitución de reservas (%)	52.49	100	61.86	85.44	34.27	66.8	95.8
Producción / Total de empleados	21.66	21.21	29.16	25.3	25.5	24.6	20.6

La producción esta expresada en miles de barriles de petróleo crudo equivalente

Figura 3.5, Elaboración propia con datos del Banco Mundial, "National Oil Companies and Value Creation", Volume II, Case of Studies, 2011.

Del cuadro anterior podemos mencionar que la razón de EBITDA e Ingresos Totales es más alta para PEMEX en comparación con las otras dos petroleras que se presentan y que incluso el promedio de otras 20 empresas petroleras paraestatales, de hecho entre 2004 y 2008 su promedio fue de 58.4, mientras que el promedio de la brasileña PETROBRAS fue de 47.8 y la noruega STATOIL fue solo de 26.8 para el mismo periodo.

En el rubro de la razón EBITDA y el Total de activos también PEMEX muestra los mejores números al presentar un promedio de 53.4 mientras que el promedio de petroleras paraestatales fue de 34.9 y PETROBRAS tuvo un promedio de 45.2 y STATOIL tan solo de 31.6.

Sin embargo cuando llegamos a temas como la tasa de restitución de reservas se pierde el liderazgo de PEMEX, dado que el promedio de este organismo en el periodo del

2004 al 2008 fue de 42.2, que es menos de la mitad que el promedio de las petroleras paraestatales (95.8), este rubro es importante para la empresa dado que está relacionado con el futuro y sostenibilidad de PEMEX y esto se agrava si se le compara con respecto a PETROBRAS que presenta una tasa del 113.6%.

Lo mismo sucede en la razón de producción (medida en miles de barriles de petróleo crudo equivalente) y el total de empleados de la empresa, como una medida que de alguna manera brinde una idea de la competitividad de PEMEX y en donde el promedio de PEMEX fue de 14.4, abajo del promedio de las petroleras paraestatales que fue de 20.6 y de PETROBRAS con 21.3 y la diferencia es mayor si se le compara con STATOIL que presentó una razón de 24.6.

De los números presentados en la figura 3.5 se pueden concluir dos cosas importantes: que PEMEX muestra números muy competitivos con respecto a otras empresas petroleras paraestatales en el tema de utilidad antes de impuestos pero también que la empresa no reinvierte los recursos suficientes en la restitución de reservas y que debe trabajar en el tema de la eficiencia para incrementar su productividad y estar a la par de sus competidores internacionales.

A continuación se presenta información relevante del balance general de PEMEX a mayo de 2011.

Balance General de PEMEX

Balance general	2005	2006	2007	2008	2009	2010
Activos totales	1042.6	1204.7	1330.3	1236.8	1332.0	1392.7
Efectivo y valores de inmediata realización	120.8	188.7	171.0	114.2	128.2	133.6
Deuda total *	537.7	569.3	500.9	586.7	631.9	664.7
Variación	9.4%	5.9%	-12.0%	17.1%	7.7%	0.1
Deuda neta **	416.9	380.6	329.9	472.5	503.7	531.1
Reserva para beneficios a empleados	375.7	454.6	528.2	495.1	576.2	661.4
Patrimonio	-26.9	40.0	49.9	26.9	-66.8	-113.8

cifras en miles de millones de pesos

* Consiste en deuda documentada de Petróleos Mexicanos.

** Deuda total - Efectivo y valores de inmediata realización.

Figura 3.6, Fuente: Elaboración propia con datos de la sección de Relación con inversionistas de la página electrónica de PEMEX a mayo de 20011

De la figura 3.6 podemos observar que el monto de la deuda de PEMEX se ha incrementado en la mayoría de los años presentados, lo cual podría afectar su estabilidad financiera, así como los resultados de operación en el corto plazo.

También de dicha figura se puede notar en el rubro: "reserva para beneficios a empleados", la cual tiene que ver con el plan de retiro de los empleados y que en el año 2005 representó 375.7 mmdp, pero para el año 2010 fue de 661.4 mmdp, es decir un incremento del 76% en solamente 6 años, lo anterior se explica por dos razones muy críticas: la primera es porque dicha reserva no está fondeada, entonces va a crecer a la tasa de interés de mercado porque no está financiada y por otro lado, crece por los costos que implica el plan de retiro que se tiene en PEMEX al jubilarse cada vez más gente.

En este sentido en diversos medios de comunicación algunas agencias calificadoras han manifestado su preocupación por considerar alto el nivel de apalancamiento de PEMEX, por el incremento de su deuda durante los últimos años, así como la falta de fondeo suficiente de la reserva laboral a los empleados para las pensiones de los jubilados y primas de antigüedad. Todo esto complica los planes de inversión para mantener e incrementar el nivel de producción actual de petróleo crudo e incrementar la tasa de restitución de reservas de hidrocarburos.

En el tema del nivel de endeudamiento de Pemex, en realidad no le corresponde a éste en su totalidad, sino es a causa de la exacción fiscal excesiva a que se le somete; por tanto, una proporción significativa en realidad es deuda del gobierno federal, el cual por ello debería resarcirle la totalidad del costo financiero correspondiente, amén de sufragar las necesidades programadas de inversión.

b.- Situación operativa

Según la SENER en su diagnóstico de la situación de PEMEX al año 2008, desde 1997 la producción de crudo de PEMEX ha provenido en buena medida de la explotación de Cantarell, yacimiento marino súper gigante situado en el Golfo de México, el cual en el año 2004 alcanzó una producción máxima de 2.1 millones de barriles diarios con lo que se alcanzó una producción total de 3.3 millones de barriles diarios en el 2005 y desde este año comenzó un proceso de declinación natural a tasas crecientes. Entre 2006 y 2007 su tasa de declinación fue de 15%, alcanzando en ese último año una producción de 1.40 millones de barriles diarios.

Como observamos en la figura 3.7 las exportaciones de crudo siguen disminuyendo, si vemos el periodo de 2005 al 2010, pasó de 1.82 mmbd a 1.23 mmbd, o sea una disminución del 32% en 6 años, pero como una señal positiva y clave en la producción y la exportación están las cifras de la tasa de restitución de reservas 1P, las cuáles han pasado de porcentajes bajos que se tenían en el 2005 del 26% y llegar a niveles de alrededor del 86% en el año 2010.

Situación operativa de PEMEX

Síntesis operativa	2005	2006	2007	2008	2009	2010
Exploración y producción						
Producción de crudo (mmbcd)	3.33	3.26	3.08	2.79	2.60	2.58
Variación	-1.5%	-2.3%	-2.3%	-5.5%	-9.2%	-1.0%
Exportación de crudo (mmbcd)	1.82	1.79	1.79	1.69	1.40	1.23
Variación	-2.8%	-1.3%	-1.3%	-5.9%	-16.8%	-12.0%
Exploración						
Tasa de restitución de reservas 1P*	26.0%	41.0%	50.3%	71.8%	77.1%	85.8%
Descubrimientos 3P (MMbpce)	950	966	1053	1482	1774	1438
Tasa de restitución de reservas 3P**	59.2%	59.7%	65.8%	102.4%	128.5%	103.9%

mmbcd: Millones de barriles de crudo diarios
* Incluye delimitaciones, desarrollos y revisiones
** Incluye solo descubrimientos

Figura 2.5, Fuente: Elaboración propia con datos de la sección de Relación con inversionistas de la página electrónica de PEMEX a mayo de 2011.

De acuerdo al diagnóstico de la situación de PEMEX al año 2008 elaborado por la SENER, podemos observar en la figura 3.8 que como empresa petrolera integrada PEMEX es la onceava más importante del mundo, sin embargo esta posición ha venido deteriorándose constantemente durante los últimos años: en 2000 PEMEX era la sexta petrolera más importante, en 2004 la novena, en 2006 la décima y en 2007 la onceava.

Esa pérdida de competitividad relativa frente a otras petroleras integradas es reflejo de lo que dejamos de hacer y a lo que los economistas conocen como el costo de oportunidad.

EMPRESAS PETROLERAS MÁS IMPORTANTES

2000			2004			2007	
Posición	Empresa		Posición	Empresa		Posición	Empresa
1	Saudi Aramco*		1	Saudi Aramco*		1	Saudi Aramco*
2	PDVSA*		2	ExxonMobil		2	NIOC (Irán)*
3	ExxonMobil		3	NIOC (Irán)*		3	ExxonMobil
4	NIOC (Irán)*		4	PDVSA*		4	BP
5	Shell		5	BP		5	PDVSA
6	PEMEX*		6	Shell		6	Shell
7	BP		7	Chevron		7	CNPC (China)*
8	Total		8	Total		8	Conoco Phillips
9	CNPC (China)*		9	PEMEX*		9	Chevron
10	Pertamina (Indonesia)*		10	CNPC (China)*		10	Total
						11	PEMEX*

*Empresas Petroleras Estatales
Fuente: PEMEX, con datos de Petroleum Intelligence Weekly, "Ranking the World's Oil Companies"

Figura 3.8, Fuente: Elaboración propia con información de PEMEX.

En cuanto al tema de las reservas probadas según el documento "Prospectiva del mercado del petróleo crudo 2010-2025" publicado por la SENER y disponible en su página electrónica, México ocupa el lugar número 18 con 11.7 miles de millones de barriles de petróleo crudo, los cuales generan un horizonte de al menos 10.8 años al ritmo de producción anual actual, siendo un tema de gran preocupación dado que de este rubro depende la seguridad energética y estabilidad de las finanzas públicas de nuestro país.

Reservas probadas al cierre de 2009. Principales países

Lugar	País	Miles de millones de barriles	% del Total	Relación R/P (años)
1	Arabia Saudita		19.8	74.6
2	Venezuela ‡	172.3	12.9	>100.0
3	Irán	137.6	10.3	89.4
4	Irak ‡	115.0	8.6	>100.0
5	Kuwait ‡	101.5	7.6	>100.0
6	Emiratos Árabes Unidos ‡	97.8	7.3	>100.0
7	Federación Rusa	74.2	5.6	20.3
8	Libia	44.3	3.3	73.4
9	Kazajstán	39.8	3.0	64.9
10	Nigeria	37.2	2.8	49.5
11	Canadá	33.2	2.5	28.3
12	EUA	28.4	2.1	10.8
13	Qatar	26.8	2.0	54.7
14	China	14.8	1.1	10.7
15	Angola	13.5	1.0	20.7
16	Brasil	12.9	1.0	17.4
17	Argelia	12.2	0.9	18.5
18	México *	11.7	0.9	10.8
19	Noruega	7.1	0.5	8.3
20	Azerbaiyán	7.0	0.5	18.6
Total mundial		**1,333.1**	**100.0**	**45.7**
Países miembros de la OCDE		90.8	6.8	13.5
Países miembros de la OPEP		1,029.4	77.2	85.3

‡ La relación reservas producción (R/P) es mayor a 100 años.

* Incluye líquidos de planta y condensados.

Fuente: *BP Statistical Review of World Energy*, Junio 2010.

Figura 3.9, Fuente: SENER, "Prospectiva del mercado del petróleo crudo 2010-2025".

De la figura 3.9 se puede observar que países como Brasil, o Canadá, poseen horizontes más largos en la relación de reservas y producción, con 17.4 y 28.3 años respectivamente, números superiores al caso de México con solamente 10.8 años.

Funcionamiento.-

Actualmente y desde hace algunas décadas, el gobierno federal micro-administra a PEMEX, es decir la empresa presenta un fuerte control administrativo externo a través de diversas leyes, reglamentos, dependencias y mecanismos, lo cual limita su capacidad de gestión y genera un conflicto entre la administración interna de una empresa pública y los requerimientos de resultados competitivos que le exige su Consejo de Administración.

Pemex se ve envuelto en una serie de trámites y autorizaciones (presupuestarios principalmente), ante la SHCP, la Secretaría de Energía, etc., así como en ocasiones un fuerte control de gestión por parte de la SHCP, la Comisión Nacional de Hidrocarburos, la Secretaría de la Función Pública, la Tesorería de la Federación; además de disposiciones del gobierno federal que condicionan las decisiones administrativas de la empresa, así también la revisión y control de desempeño de PEMEX y sus subsidiarias, mediante auditorías y sanciones por medio de la ASF, la SFP, el órgano interno de control y el IFAI.

Pemex al igual que otras petroleras paraestatales requiere de flexibilidad para competir en un mercado global; asimismo participa de forma mayoritaria en mercados energéticos y petroquímicos nacionales, lo que hace que esté sujeta a un alto nivel de regulación.

Hoy en día el gobierno federal es quien regula y supervisa estrictamente las operaciones de PEMEX así como su presupuesto anual, el cual es aprobado por el Congreso de la Unión. Sin embargo las obligaciones derivadas de los financiamientos que contrata PEMEX no son obligaciones del Gobierno Federal, ni están garantizadas por él mismo, aun y cuando el endeudamiento es originado por el gobierno federal, no obstante el gobierno federal puede intervenir directa o indirectamente en los asuntos comerciales y operativos de PEMEX. Dicha intervención afecta de manera adversa la capacidad de PEMEX para cumplir con sus obligaciones de pago derivadas de cualquier valor emitido o garantizado por dicha empresa paraestatal.

Ahora bien un punto importante también es que se hace con los excedentes petroleros, a continuación se presenta una tabla que muestra el destino de dichos recursos:

Destino de excedentes petroleros en México

Destino de excedentes petroleros	Monto de reserva en pesos	Porcentaje
Fondo de Estabilización de los Ingresos de las Entidades Federativas	Igual al producto de la plataforma de producción de hidrocarburos líquidos estimada para el año, expresada en barriles, por un factor de 3.25 por el tipo de cambio del dólar estadounidense respecto al peso esperado para el ejercicio.	25%
Fondo de Estabilización para la Inversión en Infraestructura de Petróleos Mexicanos	Igual al producto de la plataforma de producción de hidrocarburos líquidos estimada para el año, expresada en barriles, por un factor de 3.25 por el tipo de cambio del dólar estadounidense respecto al peso esperado para el ejercicio.	25%
Fondo de Estabilización de los Ingresos Petroleros	Igual al producto de la plataforma de producción de hidrocarburos líquidos estimada para el año, expresada en barriles, por un factor de 6.50 por el tipo de cambio del dólar estadounidense respecto al peso esperado para el ejercicio.	40%
Programas y proyectos de inversión en infraestructura y equipamiento de las entidades federativas	Conforme a la estructura porcentual que se derive de la distribución del Fondo General de Participaciones reportado en la Cuenta Pública más reciente.	10%

Figura 3.10, Fuente: SENER

De la gráfica 3.10 podemos ver que casi la mitad de los excedentes (40%), se van a un fondo de estabilización de los ingresos petroleros que es administrado por el gobierno federal y alrededor de un 35% de alguna forma se va a las entidades federativas ya sea para proyectos de infraestructura o bien mediante el fondo de estabilización.

En el siguiente punto revisaremos brevemente a la subsidiaria PEMEX Explotación y Producción.

III.7 Radiografía de PEMEX Exploración y Producción

A continuación se presenta información acerca de la estructura de PEMEX, en donde se encuentra situada la subsidiaria PEMEX Exploración y Producción, mejor conocida por sus siglas "PEP" y así también se mencionarán los principales retos que enfrenta hoy en día.

Estructura de PEMEX

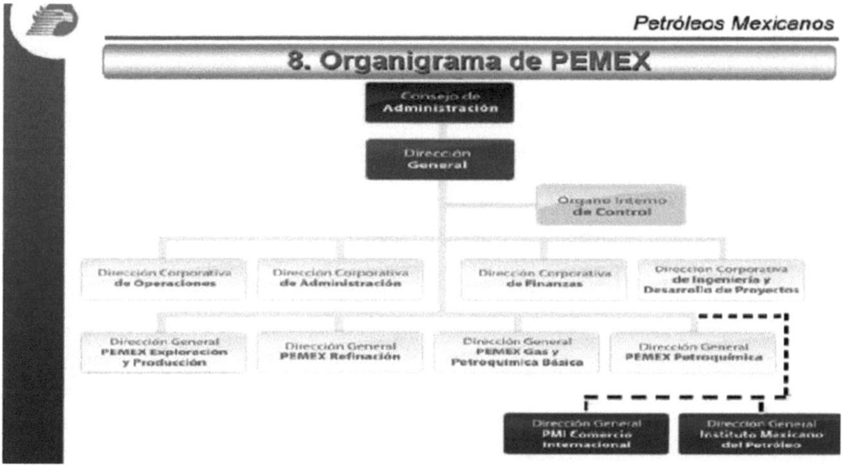

Figura 3.11, Fuente: Página electrónica de Petróleos Mexicanos

De la figura 3.11 podemos observar que debajo del Consejo de Administración se encuentra el Director General de PEMEX y después el Director General de PEMEX Exploración y Producción, así como los Directores de las otras subsidiarias, del IMP y de PEMEX Internacional.

Asimismo recordemos que PEP es responsable de la exploración y explotación de petróleo crudo y el gas natural, tiene a su cargo el transporte, almacenamiento en terminales y comercialización de primera mano de dichos hidrocarburos.

PEP produce diariamente crudo Maya, crudo Istmo, crudo Olmeca, gas natural que puede ser gas asociado o no asociado y condensados.

Según su página de internet, la misión de PEP es maximizar el valor económico a largo plazo de las reservas de crudo y gas natural del país, garantizando la seguridad de sus instalaciones y su personal, en armonía con la comunidad y el medio ambiente.

PEP opera con cuatro regiones: Región Norte, Región Sur, Región Noreste y Región Suroeste, los cuales se organizan en Activos. Los activos son la unidad de negocio encargada fundamentalmente de maximizar el valor económico del activo, mediante la explotación racional de los yacimientos, optimizando los costos de operación y logrando mayor eficiencia en las inversiones, para cumplir con los programas de producción y distribución de aceite, gas y condensado, aplicando las normas y procedimientos de seguridad, protección ambiental y ecología.

A continuación se presenta el organigrama de PEP

Organigrama de PEP

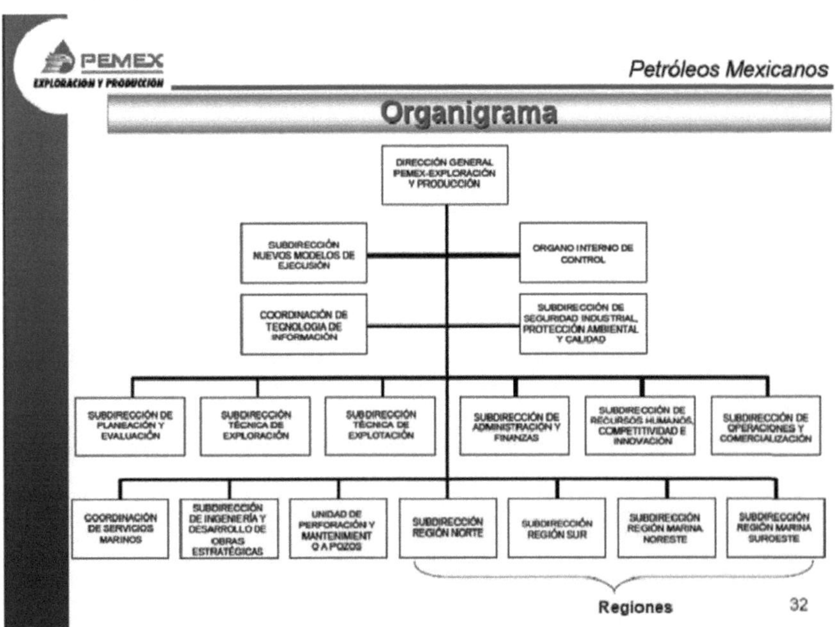

Figura 3.12, Fuente: Página electrónica de Petróleos Mexicanos

Áreas de oportunidad en PEP.-

Existen un gran número de áreas de oportunidad en PEP y por consiguiente en PEMEX y a continuación se presentan los mayores retos identificados basados en la literatura disponible en su página de internet:

a) La posibilidad de encontrar yacimientos relevantes de fácil acceso y baja complejidad técnica está prácticamente agotada en México y en el resto del mundo.
b) Como señala la Estrategia Nacional de Energía (2010), "más de la mitad de las reservas probables y posibles, es decir, aquellas que habrá que convertir a reservas probadas para su desarrollo en los siguientes años, se encuentra en Chicontepec. En este proyecto los múltiples yacimientos pequeños se encuentran dispersos geográficamente y las condiciones geológicas como la baja permeabilidad y porosidad de la roca y el tamaño de los yacimientos resultan en baja productividad de los pozos y bajos factores de recuperación final por agotamiento natural"; a esto hay que agregar que dicho proyecto se encuentra disperso en áreas geográficas habitadas e incluso zonas arqueológicas, por lo que habrá que tener cuidado de mantener una relación adecuada con dichas comunidades, así como atender el cuidado con el medio ambiente.

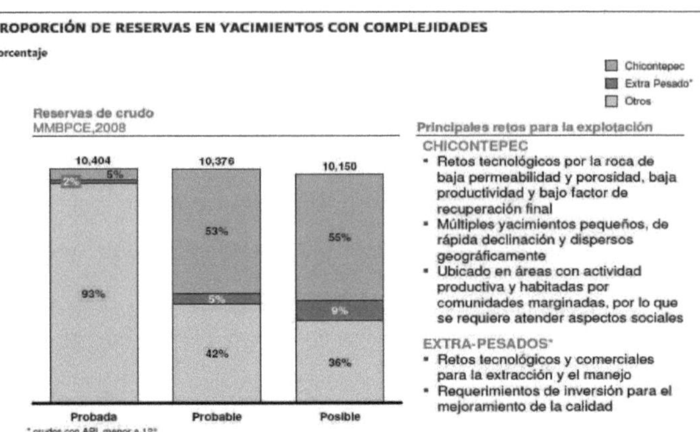

Gráfica 3.2, Fuente: Estrategia Nacional de Energía 2010, disponible en la página electrónica de la Secretaría de Energía.

c) La insolvencia financiera de PEMEX es inducida por el régimen fiscal que aplica el gobierno federal a la empresa, la cual ya se ha discutido previamente en este capítulo.

d) Por otra parte, de acuerdo al Artículo 31, Fracción X de la Ley Orgánica de la Administración Pública Federal, la Secretaría de Hacienda y Crédito Público es la encargada de establecer y revisar los precios y tarifas de los bienes y servicios de la administración pública federal, o bien, las bases para fijarlos, escuchando a la Secretaría de Economía y con la participación de las dependencias que corresponda, por lo tanto PEMEX no determina los precios de los productos que genera, sino dichos precios son fijados por la SHCP, los cuales persiguen una política recaudatoria y no necesariamente reflejan los costos de producción o los precios internacionales de los productos que genera.

e) A pesar de la importancia de PEMEX para la economía nacional, no se ha invertido lo suficiente en infraestructura de exploración y explotación de petróleo (ni que decir de su industria petroquímica, la última refinería se construyó hace 30 años), además que su esquema de negocio está quedando obsoleto y rezagado frente a otras empresas, esto debido a que el contexto en el que se creó esta empresa hace 73 años ha cambiado drásticamente y su estructura organizacional no se ha alineado a la dinámica actual.

f) PEMEX se encuentra rezagado en diversos aspectos respecto a otras empresas petroleras del mundo, tiene costos excesivos, procesos industriales deficientes, producción petrolera en declive y por si fuera poco, un mercado ilícito de combustibles que ha crecido en fechas recientes.

Por otro lado, a través del presente trabajo ha sido evidente que el esquema regulatorio vigente, aún y después de la Reforma Energética de 2008, incide al ampliar las brechas operativas, generando un Costo Administrativo Externo (CAE), es decir el que le imponen otras dependencias y el cual puede ser clasificado en:

Control de gestión: Disposiciones del Gobierno Federal que regulan o condicionan las decisiones administrativas.

Trámites y autorizaciones: Presupuestarios y de otra índole por parte del Gobierno Federal.

Revisiones y control de desempeño: Solicitudes de información, auditorías y sanciones.

A continuación se presentan las dependencias relacionadas con PEMEX y PEP, que ejercen algún control administrativo externo sobre dichos organismos, así como el tipo de normatividad que deben ejercer según distintas Leyes y disposiciones aplicables a PEMEX y PEP.

Costo Administrativo Externo de PEMEX

Trámites y autorizaciones	Control de gestión	Revisión y control de desempeño
SHCP y SENER(Egresos) Gasto Corriente Proyectos de inversión Servicios personales	SHCP y SENER (Egresos) Gasto de inversión Contabilidad y registro	SFP, ASF, el órgano interno de control Auditorías para revisar el cumplimiento de normas Auditorías contable
SHCP y SENER(Ingresos) Precios y tarifas	SFP y ASF Contrataciones Administración del gasto	SHCP, SFP y ASF Interpretación sobre el cumplimiento de normas
SHCP (Ramo) Endeudamiento	SHCP (TESOFE) Instrumentos y política de inversiones financieras	SFP Procedimientos de responsabilidades
INDABIN Avalúos	SCHP (Ramo) Control de financiamiento	

Figura 3.13, Fuente: Elaboración propia.

Lo observado hasta el día de hoy es que el CAE no está orientado a evaluar el desempeño por resultados, dado que en la actualidad el control no está dirigido a la identificación de áreas de oportunidad para generar valor o reducir costos, es decir, los mecanismos de revisión se enfocan a evaluar solamente el apego a las reglas, más no a los resultados.

Lo anterior produce un exceso de control cuyo costo muchas veces es superior al daño eventual, mediante un alto número de sanciones impuestas a los servidores públicos, las cuales en muchas de las ocasiones corresponden a motivos no económicos.

Los principales costos están asociados a los diferimientos, retrasos y cancelaciones de solicitudes de trámites y autorizaciones en materia de inversiones, precios y tarifas, además que los recortes presupuestales propician la subutilización de equipos e instalaciones.

El control sobre los trámites y autorizaciones tienen el efecto de la pérdida de oportunidades, dado que se generan inversiones discontinuas y se incrementan los costos para PEP.

III.8 Los principales actores en la exploración y explotación de petróleo en México (rent-seeking)

Asimismo además de los controles externos que tienen que ver con la administración de PEMEX y de PEP, se tienen otros controles de tipo político que también influyen en las políticas públicas de tales organismos, como por ejemplo la influencia que tienen las fracciones parlamentarias a través de la Cámara de Diputados para aprobar el Presupuesto de Egresos de la Federación y dado que forma parte de dicho presupuesto sus proyectos también compiten por recursos cada año en el Congreso de la Unión.

Al hablar de un organismo del tamaño de PEP es natural que alrededor giren un gran número de actores interesados en obtener algún beneficio o renta extraordinaria (rent-seeking), que utilizarán su influencia y sus recursos para conseguir dicho beneficio.

PEMEX a diferencia de las compañías petroleras internacionales, para ser exitosa en la consecución de sus objetivos de negocio debe lograr el equilibrio entre los diferentes roles que juega en la economía nacional, en donde participan múltiples actores y grupos de interés con influencia en las decisiones estratégicas.

Cada actor de diferente manera buscará capturar las decisiones que PEP realiza diariamente, algunos de ellos mediante la vía de la normatividad, es decir imponiéndole al organismo un CAE, o bien a través del poder político que poseen, lo anterior se refleja en mayores costos de transacción para PEP y para la nación, disminuyendo su capacidad de incrementar su eficiencia y rentabilidad.

A continuación se presentan los diferentes actores (rent seekers), que tienen control sobre PEP:

Actores que inciden sobre PEMEX Exploración y Producción (rent-seeking)

Actor	Tipo de control
Oficina de la Presidencia de la República	Político y Normativo
Secretaría de Hacienda y Crédito Público	Normativo
Secretaría de Energía	Normativo
Secretaría de la Función Pública	Normativo
Auditoría Superior de la Federación	Normativo
Secretaría de Economía	Normativo
Secretaría de Medio Ambiente y Recursos Naturales	Normativo
Procuraduría Federal de Protección al Ambiente	Normativo
Comisión Nacional Hidrocarburos	Normativo
Sindicato de Trabajadores Petroleros de la República Mexicana	Político y Normativo
Fracciones parlamentarias	Político y Normativo
Cámaras empresariales (proveedores y contratistas)	Político
Gobiernos subnacionales (Gobernadores y Presidentes Municipales)	Político y Normativo

Figura 3.14, Fuente: Elaboración propia.

Un actor relevante es la figura del Presidente de la República, primero porque desde el punto de vista normativo tiene la facultad para designar al Director de PEMEX y al gabinete del gobierno federal que participa en el Consejo de Administración, así como proponer a los Consejeros Profesionales, los cuales son ratificados por el Senado de la República, por otro lado desde la oficina de la Presidencia se tiene una relación muy estrecha con el partido político que llevó al poder al presidente en turno, es decir se tiene también la influencia mediante al menos una de las fracciones parlamentarias, lo anterior refleja el grado de control que tiene la oficina de la Presidencia sobre PEMEX y PEP.

Además los Directores Generales de Pemex suelen tener acuerdo con el Presidente para asuntos importantes.

Como un actor toral en cuanto al CAE impuesto a PEP se encuentra la Secretaría de Hacienda y Crédito Público (SHCP), la cual se encarga de ejecutar diversas acciones normativas ante PEP, como trámites y autorizaciones presupuestarias, establecimiento de precios y tarifas de los productos que vende PEP, el nivel de endeudamiento, diversos instrumentos y políticas de inversiones financieras, además de la interpretación sobre el cumplimiento de normas. Un caso extremo es su intervención en las decisiones de inversión.

Así también la Secretaría de Energía (SENER) como responsable de dirigir la política energética del país y presidir el Consejo de Administración de PEMEX, cuenta con la facultad para establecer diferentes normatividades para influir en la operación de PEP, lo anterior está plasmado en diferentes disposiciones como en el Decreto por el que se reforman y adicionan diversas disposiciones de la Ley Reglamentaria del Artículo 27 Constitucional en el Ramo del Petróleo y en su artículo 5 establece "El Ejecutivo Federal, por conducto de la Secretaría de Energía, otorgará exclusivamente a Petróleos Mexicanos y sus organismos subsidiarios las asignaciones de áreas para exploración y explotación petroleras." (tanto en este caso como en el anterior las atribuciones derivan directamente del Art, 27 de la CPEUM), o también, en el artículo 7 menciona que "El reconocimiento y la exploración superficial de las áreas para investigar sus posibilidades petrolíferas, requerirá únicamente permiso de la Secretaría de Energía" y por último y de forma muy clara, en su artículo 11, que "El Ejecutivo Federal, por conducto de la Secretaría de Energía, con la participación que corresponda a la Comisión Nacional de Hidrocarburos y a la Comisión Reguladora de Energía, establecerán, en el ámbito de sus respectivas atribuciones y conforme a la legislación aplicable, la regulación de la industria petrolera y de las actividades a que se refiere esta Ley".

En este sentido y producto de una iniciativa del Ejecutivo, se creó la Comisión Nacional de Hidrocarburos, mediante la expedición de su Ley, el 28 de noviembre de 2008, la cual establece en su artículo 2°, que "tendrá como objeto fundamental regular y supervisar la exploración y extracción de carburos de hidrógeno" y además menciona en su artículo 4°.

qué a dicha Comisión le corresponde "Participar, con la Secretaría de Energía, en la determinación de la política de restitución de reservas de hidrocarburos"; así como, "dictaminar técnicamente los proyectos de exploración y explotación de hidrocarburos, previo a las asignaciones que otorgue la Secretaría de Energía, así como sus modificaciones sustantivas". Lo anterior nos brinda un panorama general del nivel de control sobre la operación de distintos rubros claves dentro de PEP, como lo es por ejemplo, la política de restitución de reservas.

La Secretaría de la Función Pública (SFP) a través de diversos instrumentos normativos también influye en la operación de PEP, como se menciona en el artículo 37 de la Ley Orgánica de la Administración Pública Federal, el cual establece que a la SFP le corresponde "Organizar y coordinar el sistema de control y evaluación gubernamental; inspeccionar el ejercicio del gasto público federal y su congruencia con los presupuestos de egresos, ...así también, es responsable de la evaluación que permita conocer los resultados de la aplicación de los recursos públicos federales". La tarea de esta Secretaría es importante en los temas de transparencia y rendición de cuentas; sin embargo dicha normatividad en algunos casos genera un burocratismo excesivo lo que provoca diferimientos, retrasos y cancelaciones de solicitudes de trámites y autorizaciones en materia de inversiones, precios, tarifas y condiciones de comercialización; es decir estas condiciones se traducen en pérdida de oportunidades, destrucción de recursos (dado que se propician inversiones discontinuas), elevación de costos, pérdida de mercados y clientes y pérdida de utilidades. Además lamentablemente la normatividad que aplica esta dependencia ignora por completo los riesgos de fortuna naturalmente asociados a la actividad petrolera

Una situación similar se presenta con la Auditoria Superior de la Federación (ASF), la cual es una institución autónoma e independiente, que revisa el origen y aplicación de los recursos públicos así como el cumplimiento de los objetivos y metas del gobierno. La ASF buscar avanzar en los principios de transparencia y rendición de cuentas a la sociedad al informar los resultados de sus revisiones. Sin embargo en los informes de sus auditorías no se hacen evaluaciones de desempeño ni de impacto, al menos eso se encontró en su página de internet.[2]

Otra dependencia del Ejecutivo que influye en PEP, es la Secretaría de Medio Ambiente y Recursos Naturales, la cual mediante normatividad también determina la operación de dicha subsidiaria al fomentar la protección, restauración y conservación de los ecosistemas, recursos naturales y bienes y servicios ambientales, con el fin de propiciar su aprovechamiento y desarrollo sustentable, por lo cual PEP al trabajar en todo el país, debe estar atento a cumplir con los lineamientos que aseguren el adecuado respeto al medio ambiente.

Los gobiernos subnacionales (gobernadores y alcaldes) también inciden en la operación de PEP al otorgar o detener permisos para derechos de vía, o para diferentes trabajos que realizan PEP o sus contratistas en las diferentes entidades federativas y municipios. Una de las críticas más fuertes que se tienen en este sentido es la falta de transparencia y oportunidad para dar a conocer con anticipación a dichos gobiernos subnacionales las inversiones o labores que llevará a cabo esta empresa paraestatal en sus localidades, dadas las implicaciones de infraestructura y servicios que demandará PEP durante el tiempo que tarde el proyecto que se encuentre realizando. Por lo anterior los estados y municipios han solicitado en diversas ocasiones una política pública transparente para que PEP busque resarcir los diferentes impactos en las comunidades donde labora.

Un factor clave en la operación de PEP sin duda es su capital humano, es decir sus trabajadores que desde 1935 constituyen el Sindicato de Trabajadores Petroleros de la República Mexicana (STPRM), el cual juega un papel trascendental en la toma de decisiones de la empresa paraestatal, lo anterior se plasma en la Ley de Petróleos Mexicanos, publicada el pasado 28 de noviembre de 2008 y en su artículo en su artículo 8º señala que "El Consejo de Administración de Petróleos Mexicanos se compondrá de quince miembros propietarios, a saber:

....

---

[2] Auditoría Superior de la Federación, http://www.asf.gob.mx/

II. Cinco representantes del Sindicato de Trabajadores Petroleros de la República Mexicana, que deberán ser miembros activos del mismo y trabajadores de planta de Petróleos Mexicanos y

..."

Por ello, aunque el STPRM no cuenta con mayoría en el Consejo de Administración, sin duda tiene una gran corresponsabilidad en la conducción central y la dirección estratégica de Petróleos Mexicanos y sus organismos subsidiarios, a excepción de los temas presupuestales que sólo podrán ser votados en el Consejo por los consejeros representantes del Estado, como lo menciona el artículo 9 de dicha Ley.

Asimismo, al STPRM le corresponde convenir con el Director General de PEMEX el contrato colectivo de trabajo cada tres años y una parte preocupante de este renglón, es el asunto del sistema de pensiones de los trabajadores del STPRM, el cual, según datos de PEMEX, el pasivo laboral al primer trimestre de 2010, ascendía a 593 mil millones de pesos, con un crecimiento anual de 14 por ciento, el cual representa casi la mitad del valor de los activos de la paraestatal (valuados en un billón 325 mil 267 millones de pesos) y es 18 por ciento superior al activo circulante; además, cerca de 45 mil trabajadores de este organismo público descentralizado serán elegibles para el retiro durante la próxima década, sumándose a más de 80 mil personas que ya reciben beneficios provenientes del flujo de efectivo de Pemex. Según datos de PEMEX, de enero a abril de 2010, Pemex ejerció 54.2 por ciento de su presupuesto para pensiones, lo que representan recursos por 14 mil 204 millones de pesos.

En el año 2007 la erogación para cubrir los beneficios laborales (pensiones y jubilaciones) representó 30 por ciento de la nómina de los trabajadores activos.

De acuerdo a cifras de Pemex al término del año pasado se tenían más de 67 mil jubilados; 113 mil trabajadores sindicalizados y 28 mil empleados de confianza, lo que quiere decir que los jubilados representan 47 por ciento de la fuerza laboral total; o dicho en otros términos, hay un jubilado por cada 2.1 trabajadores en activo.

A continuación revisaremos las políticas públicas que se han establecido recientemente para buscar mejorar los resultados de PEMEX y PEP.

III. 9 La reforma energética del 2008 y el Gobierno Corporativo

El 08 de abril del año 2008, el Ejecutivo envió al Congreso de la Unión el documento titulado: "Diagnóstico: Situación de PEMEX" (disponible en la página electrónica del Senado de la República), en el cual se describían los principales retos que enfrentaba la empresa paraestatal y que para resolverlos era necesario llevar a cabo un cambio en el marco regulatorio en el que operaba PEMEX.

Así también el Ejecutivo presentó ante el Senado de la República un paquete de iniciativas a diversas Leyes que regulan la actuación de dicha empresa. Por ello se decidió abrir un espacio en el Senado (del 24 de junio al 22 de julio de 2008) donde diferentes actores (académicos, líderes políticos, abogados, funcionarios del gobierno federal, técnicos petroleros, etc.) dieron su punto de vista acerca de la iniciativa del Ejecutivo, así como de otras propuestas que coadyuvarían a un mejor desempeño del sector energético en nuestro país y coloquialmente se le conoció como "Los Debates sobre la Reforma Energética" (también disponibles en la página electrónica del Senado en la sección de foros de debate).

En dicha propuesta el Ejecutivo contempló un paquete de 5 iniciativas (el documento puede ser consultado en la página electrónica de la Secretaría de Energía):

- Ley Orgánica de Petróleos Mexicanos
- Ley Orgánica de la Administración Pública Federal
- Ley de la Comisión del Petróleo
- Ley Reglamentaria del Artículo 27 constitucional
- Ley de la Comisión Reguladora de Energía

Entre las propuestas que envió, lo más relevante pudiera ser lo siguiente:

1.- Buscaba la exploración en aguas profundas del Golfo de México y el desarrollo del Paleocanal de Chicontepec, con la participación de particulares a través de contratos de desempeño.

2.- Planteaba que las principales actividades de PEMEX quedaran exentas de las leyes de adquisiciones, arrendamiento y servicios del sector público y de obras públicas y servicios relacionados con las mismas. Incluso consideraba permitir la contratación sin licitar en algunos casos.

3.- Contemplaba dar mayor autonomía financiera y de gestión a PEMEX pero mediante un periodo de transición, durante el cual se irían dando mayores responsabilidades a la empresa si ésta cumple determinados objetivos, es decir, buscaba implementar un nuevo gobierno corporativo para la empresa.

4.- Proponía la creación de títulos de crédito denominados "bonos ciudadanos", sin que eso signifique que quienes los compren tengan derechos patrimoniales o corporativos sobre la empresa.

5.- Planteaba integrar a cuatro "consejeros profesionales" en el Consejo de Administración de PEMEX, designados por el ejecutivo y con una permanencia en el cargo de hasta 16 años. Y se guardarían cinco lugares para representantes del sindicato petrolero.

De igual forma después de las propuestas del Ejecutivo surgió la del Partido Revolucionario Institucional, que como fuerza política importante presentó a debate 9 iniciativas en los siguientes temas:

- Ley Reglamentaria del Art. 27 Constitucional
- Ley Orgánica de la Administración Pública Federal
- Ley de la Comisión Reguladora de Energía
- Ley Federal de Entidades Paraestatales
- Ley de Obras Públicas y Servicios
- Ley de Adquisiciones, Arrendamientos y Servicios del Sector Público
- Ley Orgánica de Petróleos Mexicanos
- Ley de la Comisión Nacional Reguladora del Petróleo
- Ley para el Financiamiento de la Transición Energética.

De las propuestas que envió dicha fracción parlamentaria, entre lo más relevante pudiera mencionarse lo siguiente:

1.- Modernizar y fortalecer a PEMEX sin permitir su privatización ni los llamados contratos de riesgo.

2.- Dar al Estado la facultad para constituir organismos descentralizados filiales de PEMEX para realizar actividades de construcción de ductos, refinación de petróleo, transporte, almacenamiento y distribución de hidrocarburos.

3.- Integrar a cuatro consejeros profesionales al Consejo de Administración. A diferencia de la propuesta del ejecutivo estos deberían ser ratificados por el Senado.

4.- Crear el Fondo Nacional para la Transición Energética que podría alimentarse de transferencias presupuestales o donaciones, así como aportaciones de los sectores social y privado para financiar sus actividades.

5.- Dotar a PEMEX de una mayor autonomía presupuestaria y de operación, incluyendo la regulación para la contratación de obras, adquisiciones, arrendamientos y servicios.

6.- Emitir los "bonos ciudadanos" pero señalando que las personas morales y las instituciones del sistema financiero que representen a los tenedores, serán responsables de evitar el acaparamiento de los mismos.

7.- Facultar a PEMEX y a sus organismos subsidiarios a celebrar con personas físicas y morales, contratos de obras y de prestación de servicios en los que deberá buscarse la utilización de bienes o servicios nacionales.

8.- Crear la Comisión Nacional Reguladora de Petróleo como organismo descentralizado, cuyo objetivo será regular y supervisar la exploración y explotación petrolera.

De igual forma, una coalición legislativa de las fracciones del Partido de la Revolución Democrática y de otros dos partidos social demócratas (Partido del Trabajo y el Partido Convergencia), formaron el Frente Amplio Progresista, el cual también presentó una iniciativa que contemplaba cambios a las siguientes leyes:

Ley Orgánica de PEMEX

Ley Reglamentaria del Artículo 27 Constitucional

Ley de Planeación

Ley Federal de Derechos

Ley Orgánica de la Administración Pública Federal

Ley Federal de Presupuesto y Responsabilidad Hacendaria

Ley de la Comisión Reguladora de Energía

A estas se añadía un programa para el fortalecimiento y desarrollo de PEMEX.

Entre las propuestas más relevantes pudiera mencionarse lo siguiente:

1.- Rechazo a la privatización de PEMEX y a la participación de la iniciativa privada en refinación y exploración.

2.- Que PEMEX absorba a las subsidiarias actuales.

3.- Contemplar que en la contratación de obras y servicios, PEMEX dará preferencia a empresas mexicanas.

4.- Descartar que la paraestatal se someta a la jurisdicción de tribunales foráneos por controversias de contratos.

5.- Consideraba una nueva integración del Consejo de Administración: 6 miembros del gobierno, 3 de la sociedad y 2 trabajadores de PEMEX. Se invitaría a legisladores al Consejo, con derecho a voz, pero no a voto.

6.- Crear un Comité Técnico de Fiscalización y Transparencia, integrado por los consejeros representantes de la sociedad.

7.- Establecer que el Director General de PEMEX sería propuesto por el Ejecutivo y ratificado por el Senado.

8.- Dar autonomía de gestión a la paraestatal.

9.- Reducir la carga fiscal a Petróleos Mexicanos y que pagara el derecho ordinario sobre hidrocarburos, aplicando la tasa de 71.5 por ciento.

Tales propuestas en lo general fueron positivas y el debate fue un excelente ejercicio plural en el que existió una participación entusiasta, además lo más importante es que fue una Ley integral, o sea no fue enmienda a la Ley anterior sino fue una Ley totalmente nueva. A continuación se presentan los decretos finales y que fueron publicados el 28 de noviembre de 2008 en el Diario Oficial de la Federación:

1.- Ley de Petróleos Mexicanos (se adicionan el artículo 3° de la Ley Federal de las Entidades Paraestatales, el artículo 1 de la Ley de Obras Públicas y Servicios Relacionados con las mismas y un párrafo tercero al artículo 1 de la Ley de Adquisiciones, Arrendamientos y Servicios del Sector Público).

2.- Ley Orgánica de la Administración Pública Federal

3.- Ley de la Comisión Reguladora de Energía

4.- Ley Reglamentaria del Artículo 27 Constitucional en el Ramo del Petróleo

5.- Ley de la Comisión Nacional de Hidrocarburos

6.- Ley para el Aprovechamiento Sustentable de la Energía

7.- Ley para el Aprovechamiento de Energías Renovables y el Financiamiento de la Transición Energética.

En cuanto a la Ley de Petróleos Mexicanos lo que se pretendió garantizar es que frente a las nuevas realidades tecnológicas, económicas y ambientales, PEMEX pudiera incrementar substancialmente sus niveles de producción de petróleo, gas, derivados y refinados, así como participar en la exploración de nuevas reservas que garanticen el futuro de la paraestatal y los recursos energéticos.

También se buscó dotar a PEMEX de mayor autonomía de gestión, ampliar la transparencia en su administración y la rendición de cuentas a los ciudadanos, aprovechar mejor los recursos tecnológicos disponibles, multiplicar su capacidad de operación y, garantizar que el petróleo que existe en la totalidad del territorio nacional continué siendo propiedad exclusiva de los mexicanos y una fuente de ingresos duradera para esta y futuras generaciones.

En este contexto el marco jurídico busca promover tres objetivos principales:

1.- Fortalecer el régimen de gobierno corporativo en la paraestatal;

2.- Regular sus esquemas de operación y ampliar las posibilidades y alcances de su actuación para hacerla más eficiente y

3.- Reforzar y diversificar los mecanismos de control y supervisión.

Lo anterior se pretende enmarcar en un contexto de nueva gestión pública, de búsqueda de transparencia y rendición de cuentas y de autonomía, que aleje a esta empresa de los ciclos políticos lo cual ha sido solicitado por un gran número de Directores Generales de la paraestatal a lo largo del tiempo. La Reforma Energética del año 2008 se diseñó a partir del supuesto de que no habría terceros para realizar la explotación de hidrocarburos sino que siempre sería hecha por PEMEX, pero que la Reforma le permitiría auxiliarse mejor de terceros que hicieran los trabajos para PEMEX, que es muy distinto.

El gobierno corporativo.-

Citando a Adam Smith (1776) de su obra más reconocida "La riqueza de las naciones", en ella señala que "los directores de las empresas, sin embargo, siendo los administradores del dinero de otras personas en lugar del propio, no puede esperarse que ellos deban vigilarlo con el mismo cuidado que los socios de una copropiedad privada vigilan su propio dinero. Negligencia y profusión, por lo tanto, siempre debe prevalecer, más o menos, en la gestión de los asuntos de una empresa de este tipo". Tal extracto es útil para entender la importancia del establecimiento de un gobierno corporativo en una empresa grande como lo es la paraestatal PEMEX, donde los funcionarios en turno no necesariamente tienen los incentivos adecuados para buscar el mayor beneficio para los accionistas, que somos todos los mexicanos.

En relación al tema del establecimiento de un gobierno corporativo en PEMEX, de acuerdo a GASCA (2010) uno de los objetivos de la Reforma Energética de 2008 fue conducir a PEMEX mediante la siguiente estructura: Un Director General, un Consejo de Administración conformado por 10 consejeros de Estado, siendo 4 de ellos profesionales y 5 representantes del STPRM y siete comités de apoyo al Consejo de Administración, es decir se pretendió avanzar hacia un régimen de gobierno corporativo, tal como lo practican las grandes empresas petroleras y en este sentido señala (Idem) que "el correcto establecimiento y adecuado funcionamiento del gobierno corporativo es un tema vital para la consecución de prácticamente todos los objetivos que se plantearon en la Reforma", lo anterior muestra que este tema es toral si se busca que PEMEX sea una empresa más rentable y eficiente; o sea transitar una conducción de PEMEX por el Gobierno Federal (Presidencia de la República), a una dirigida por su Director General y su Consejo de Administración, de acuerdo al artículo 19 de la Ley de Petróleos Mexicanos.

Asimismo (Idem) menciona que al institucionalizar el gobierno corporativo de PEMEX se busca "que no dependiese de políticas de corto plazo, sino que respondiese al mandato de Ley de crear valor económico a la sociedad mexicana, mandato que trasciende en mucho a la norma de una empresa típica de carácter mercantil de incrementar el valor económico a sus accionistas y que la reestructura implica una autonomía de gestión considerable, así como una nueva forma de gobierno corporativo, con nuevas responsabilidades y atribuciones tanto del Director General, como de la Secretaría de Energía". Sin embargo, se han dado varias coyunturas que han hecho difícil la implementación de dicho gobierno corporativo, como un ejemplo se encuentra el anuncio del Presidente de la República del 04 de junio de 2010, disponible en la página electrónica de la Presidencia de la República, en donde nombra a tres nuevos Consejeros Profesionales para ocupar cargos en los Consejos de Administración de los actuales organismos subsidiarios, lo anterior sin que existiera de por medio la decisión del Consejo de Administración de PEMEX sobre su nueva estructura y a esto se suma la clara relación que tienen cada uno de los cuatro Consejeros Profesionales con las tres principales fracciones parlamentarias, lo que debilita el gobierno corporativo de PEMEX.

A continuación se presentan los casos de PETROBRAS y STATOIL con el objetivo de hacer una comparación de las políticas públicas que han llevado a cabo y los resultados que han tenido recientemente.

III.10.- Políticas públicas comparadas, los casos de Brasil y Noruega

El caso de la petrolera de Brasil: PETROBRAS

Con el objetivo de fijar un punto de referencia hacia donde se debería de encaminar PEMEX en el mediano y largo plazo se presenta una descripción del patrón que siguió Brasil, el cual en pocos años logró cambios importantes en los resultados de su empresa petrolera y se eligió este caso dado que al igual que en México, en Brasil cuentan con un operador para extraer el petróleo crudo, también pertenece al grupo de las llamadas "economías emergentes latinoamericanas" y por ello tiene un contexto político y social muy parecido al mexicano.

De acuerdo a Baker (1998) la evolución de las economías de los países se encuentra relacionada a las políticas públicas que implementan. Los economistas, desde Adam Smith, se han preocupado por entender las causas de la riqueza de las naciones.

Por lo anterior, la comparación de políticas públicas es importante, dada la trascendencia que tienen en la sociedad, al ofrecer diferentes opciones de solución para un mismo problema público.

Las políticas públicas son directrices con las cuales los gobiernos buscan dirigir a través de un marco jurídico a los diferentes agentes económicos de dicho sector.

Esta parte de la investigación pretende hacer una comparación entre la petrolera paraestatal de origen brasileño "PETROBRAS" y "Pemex", por lo que se realizará una revisión de los principales factores de carácter general y particulares, que hay que tomar en cuenta al momento de hacer un análisis del desempeño reciente de dichas empresas y señalar, como Brasil a partir de una visión de largo plazo (que inicia desde mediados de los 70´s) y de ciertos cambios trascendentales en el marco regulatorio petrolero, se ha convertido en el líder mundial de tecnología de exploración de petróleo en aguas profundas.

Dado lo anterior, la comparación se llevará a cabo en 5 grandes dimensiones: sus antecedentes históricos y el contexto nacional, la relación entre los roles relativos al Estado y al sector privado, la competencia que enfrentan dichas empresas, su aportación a la economía de cada país y los resultados recientes de ambas petroleras, esto con el objetivo de identificar los cambios o reformas sustanciales que tuvieron que realizar al marco jurídico y regulatorio del sector petrolero.

Asimismo, se buscará identificar las diferentes elecciones de políticas públicas que utilizó Brasil y que pudieran servir a México, para contar con un sector petrolero que impulse el desarrollo económico del país.

Antecedentes de PETROBRAS:

En octubre de 1953 conforme a la Ley 2.004 se autorizó la constitución de la empresa paraestatal "PETROBRAS" para la realización de las actividades del sector del petróleo en Brasil, en nombre del gobierno federal.

En 1961 PETROBRAS alcanzó uno de sus objetivos principales: la autosuficiencia en la producción de los principales derivados de petróleo, la expansión del parque de refinación cambió la estructura de las importaciones radicalmente. Mientras que en la época de la creación de PETROBRAS cerca de 98% de las compras externas correspondían a derivados y sólo 2% a petróleo crudo, para 1967 el perfil de las importaciones pasaba a ser 8% de derivados y 92% de petróleo bruto.

Para reducir el costo de las importaciones, el Gobierno instituyó, en 1962, el monopolio de la importación de petróleo y derivados.

En 1963 se creó el Centro de Investigaciones y Desarrollo (CENPES), que reúne todas las actividades de investigación tecnológica en PETROBRAS. Dicho centro pasó a ser el centro tecnológico que desarrolló los procesos de exploración y producción en aguas profundas.

En 1964 se inició el proyecto de perforación submarina, con la contratación de firmas extranjeras para los trabajos de sísmica y gravimetría, con lo cual, comienza la visión del desarrollo tecnológico a través de empresas que ya contaban con algo de know how.

Asimismo Brasil adoptó otras medidas económicas, directamente vinculadas a las actividades de PETROBRAS, como la reducción del consumo de derivados y el aumento de la oferta interna de petróleo.

Según información de la oficina de la Presidencia de Brasil, a partir de 1970 el General Ernesto Geisel toma las riendas de PETROBRAS, lo que le dio un amplio conocimiento de las necesidades del sector petrolero brasileño, lo cual capitalizó al llegar a convertirse en Presidente de Brasil en 1974, por lo que desde mediados de los 70´s se tuvo una primer apertura de la exploración de petróleo a la iniciativa privada, por medio de la adopción de los contratos de riesgo, firmados entre PETROBRAS y compañías particulares (el primero fue con British Petroleum), con el objetivo de intensificar la investigación de nuevos yacimientos y el desarrollo de nuevas fuentes de energía, con la visión de sustituir los derivados de petróleo en un futuro, como ejemplo podemos mencionar el incentivo al uso del alcohol carburante cómo combustible automotriz, con la creación de un Programa Nacional del Alcohol.

En la década de los 80´s para el desafío de producir en aguas a 120 metros de profundidad se utilizó tecnología disponible en el exterior. Así también se implantó en el proyecto conocido como "fondo de barril", su objetivo era transformar los excedentes de petróleo combustible en derivados como el diesel, a gasolina y el gas licuado de petróleo (gas doméstico), de mayor valor.

En 1986 se crea el "Programa de Innovación Tecnológica y Desarrollo Avanzado en Aguas Profundas y Ultra Profundas", para impulsar la producción de petróleo y gas en aguas con profundidades superiores a los 1,000 mts. bajo el nivel del mar, extendida después a los 2,000 mts. y luego a los 3,000 mts.

Evolución de la Producción en Aguas Profundas

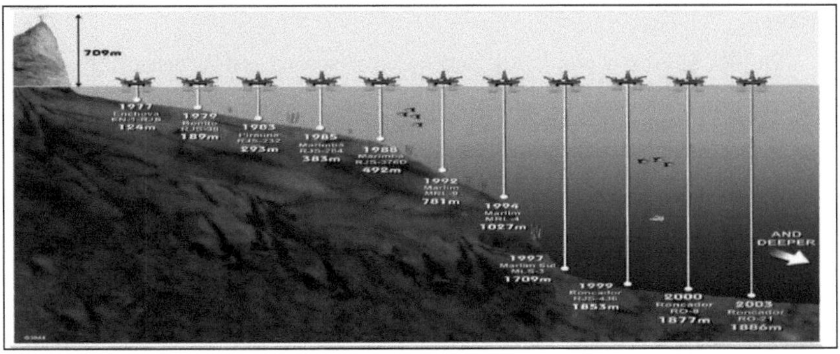

Figura 3.15, Fuente: PETROBRAS

En la figura 2.5 se puede ver el desarrollo que ha tenido PETROBRAS a través del tiempo en la exploración de petróleo crudo, llevándolos a ser líderes en este tipo de tecnología y lo que llama la atención es que ha sido un proceso de al menos 30 años.

El punto de inflexión en la industria petrolera brasileña.-

El 06 agosto de 1997 se dio un cambio trascendental en la industria petrolera en Brasil, PETROBRAS pasó a actuar en un nuevo escenario de competencia, autorizado por la Ley 9,478/97 (conocida como la Ley del Petróleo), que reglamentó la enmienda constitucional de flexibilización del monopolio estatal del petróleo. En 1998 PETROBRAS se ubicaba como la 14ª mayor empresa de petróleo del mundo, de acuerdo a la publicación Petroleum Intelligence Weekly.

Entre otras cosas la Ley 9,478/97 menciona lo siguiente: "Operar de forma rentable en los sectores de petróleo, gas y energía, en el mercado nacional e internacional, suministrando productos y servicios de calidad , respetando el medio ambiente, teniendo en cuenta los intereses de los accionistas y contribuyendo para el desarrollo de Brasil".

Esta ley estableció también que los derivados de petróleo consumidos en el mercado interno deberían venderse a precios con paridad internacional), lo que finalizó con las políticas populistas de control de precios domésticos y de subvención (como actualmente pasa en México en el caso del gas natural, no así en otros combustibles).

Así también en 1997 se creó la Agencia Nacional del Petróleo (ANP), vinculada al Ministerio de Minas y Energía. Esta agencia tiene bajo su responsabilidad las concesiones de exploración de petróleo, en un régimen de libre competencia, además de buscar garantizar precios más bajos y mejores servicios para los consumidores.

Los cambios en el marco jurídico del sector petrolero provocaron grandes transformaciones en PETROBRAS. Con todos los segmentos del sector abiertos a la competencia la empresa dejó de ser la única ejecutora del monopolio del petróleo del gobierno federal, aunque el Estado continúa siendo el accionista mayoritario. La competencia impuso a PETROBRAS el establecimiento de asociaciones con empresas privadas nacionales e internacionales y una mayor presencia en el exterior.

Al día de hoy esta empresa persigue el crecimiento en el mercado brasileño del petróleo y sus derivados, con el mayor retorno posible a sus accionistas y busca convertirse en una corporación internacional de energía.

Es de subrayar que PETROBRAS en los últimos años se ha destacado como la empresa que más invierte en Brasil en proyectos sociales, culturales, artísticos y de educación ambiental. La iniciativa más ambiciosa de la empresa en este campo es el "Programa PETROBRAS Social", que invierte en proyectos que resulten en acciones transformadoras, alterando el medio donde son aplicados.

A continuación se presenta un esquema cronológico del proceso que ha tenido la empresa PETROBRAS, la cual estuvo por más de 40 años como un monopolio en Brasil,

pero que a pesar de ello se preocupaba por el aspecto tecnológico y trabajaba con esquemas flexibles que se ejecutan en el sector petrolero en casi todo el mundo, como los contratos de riesgo y ya a mediados de la década de los 90´s se entra a una etapa de transición impulsada por una enmienda constitucional y para iniciar en los últimos 10 años con una operación en competencia y acudiendo a los mercados internacionales por recursos financieros que le permitan continuar con sus planes de inversión y expansión.

Evolución de PETROBRAS a través del tiempo

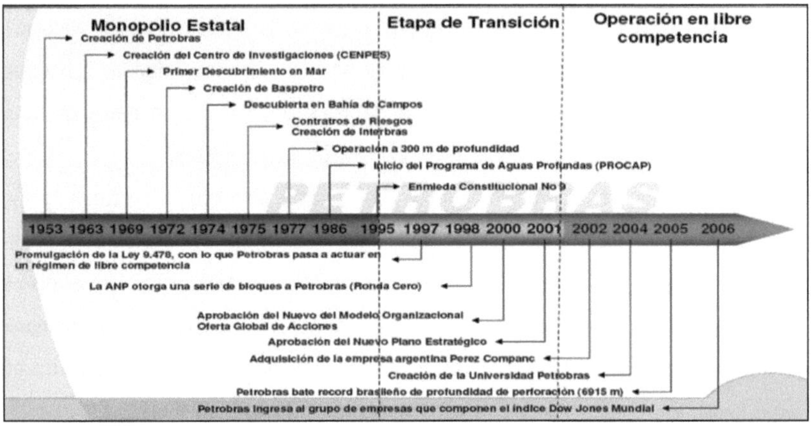

Monopolio Estatal
Etapa de Transición
Operación en libre competencia
Creación de Petrobras
Creación del Centro de Investigaciones (CENPES)
Primer Descubrimiento en Mar
Creación de Baspretro
Descubierta en Bahía de Campos
Contratros de Riesgos
Creación de Interbras
Operación a 300 m de profundidad
Inicio del Programa de Aguas Profundas (PROCAP)
Enmieda Constitucional No 9
1953 1963 1969 1972 1974 1975 1977 1986 1995 1997 1998 2000 2001 2002 2004 2005 2006
Promulgación de la Ley 9.478, con lo que Petrobras pasa a actuar en un régimen de libre competencia
La ANP otorga una serie de bloques a Petrobras (Ronda Cero)
Aprobación del Nuevo del Modelo Organizacional
Oferta Global de Acciones
Aprobación del Nuevo Plano Estratégico
Adquisición de la empresa argentina Perez Companc
Creación de la Universidad Petrobras
Petrobras bate record brasileño de profundidad de perforación (6915 m)
Petrobras ingresa al grupo de empresas que componen el indice Dow Jones Mundial

Figura 3.16, Fuente: PETROBRAS

Resultados del caso Brasil.-

Después de las modificaciones realizadas a mediados de los 90´s, en el año de 1999 el gobierno de Brasil subastó concesiones para la explotación de petróleo en varias regiones, en dicha ocasión participaron empresas de todo el mundo como Shell, Exxon, Texaco, Mobil, etc.; sin embargo y aunque enfrentó una fuerte competencia, PETROBRAS ganó la mayoría de los contratos y hoy en día, Brasil a alcanzado niveles del 85% del autoabasto de sus necesidades de petróleo, a comparación del 65% que tenía antes de 1997.

Medio siglo después de su creación, PETROBRAS se transformó en la mayor empresa brasileña y en la 15ª empresa de petróleo del mundo, de acuerdo con los criterios de la publicación Petroleum Intelligence Weekly.

PETROBRAS en el año 2009 se ubica como una empresa de energía, presente en los mercados mundiales, según la página electrónica de dicha paraestatal, líder en la industria del petróleo en América Latina, con gran énfasis en la prestación de servicios y tecnología de punta y libre para actuar como empresa internacional.

Algunos cambios relevantes dentro de PETROBRAS en los últimos 12 años:

Continúa bajo control del Estado brasileño (50%+1 acciones con derecho voto).

Focalización al core businesses (dominio de tecnologías de operación en aguas ultra-profundas y producción de derivados de alto desempeño en la Fórmula 1).

Incremento del valor para accionistas.

La estrategia corporativa de PETROBRAS se basa en el crecimiento, en buscar la mayor rentabilidad.

Transformación organizacional: Estructura más esbelta, con una disminución del número de niveles jerárquicos, mayor rendición de cuentas con actividades orientadas hacia resultados y mayor empowerment (delegación de responsabilidades a mandos inferiores).

Eliminación de duplicación de actividades.

Mayor integración entre subsidiarias.

Diez años después de la reforma del sector del petróleo y gas natural en Brasil, el crecimiento de las actividades generaron beneficios para la sociedad, como por ejemplo:

a) Crecimiento económico, que se tradujo en una mayor proporción del sector petrolero dentro del PIB de Brasil (la participación de los hidrocarburos en la economía brasileña pasó del 2.7 al 10.5% para el periodo de 1997 a 2006;

Impacto en la Economía (participación del sector hidrocarburos como % del PIB)

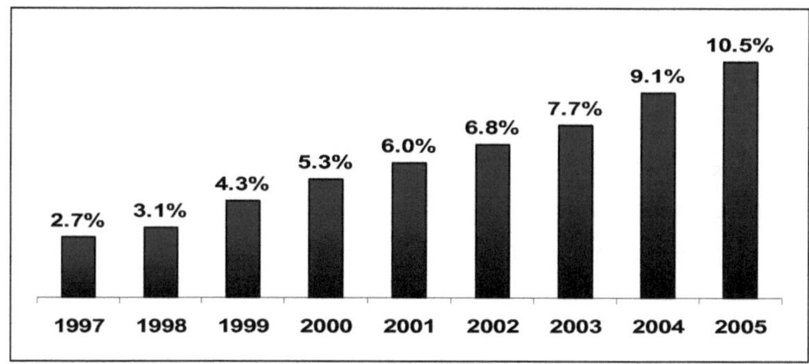

Gráfica 3.3, Fuente: Elaboración propia con datos de PETROBRAS

b) Una mayor recaudación, como resultado de las participaciones gubernamentales (regalías), de $190 en 1997 a $7,703 en 2006 (cifras en millones de reales), divididas entre el gobierno federal, estados y municipios;

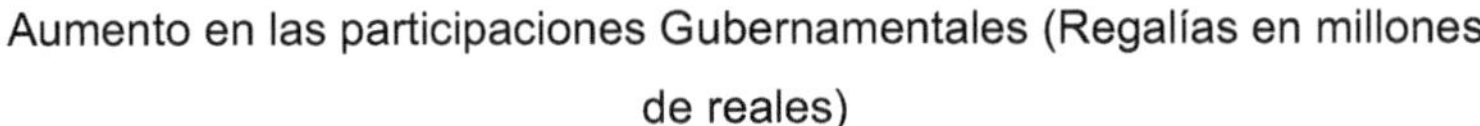

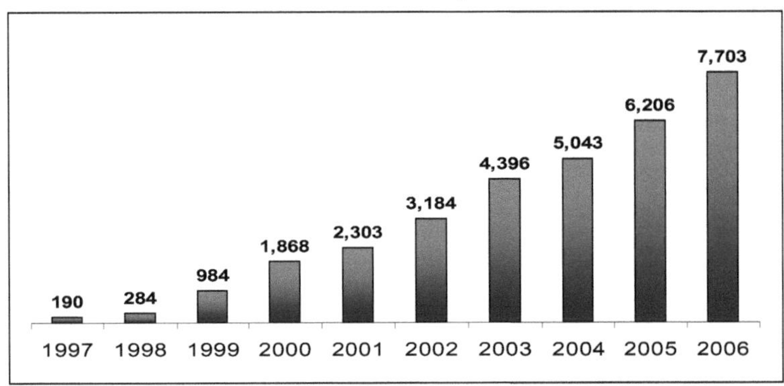

Gráfica 3.4, Fuente: Elaboración propia con datos de PETROBRAS

c) Creación del sector de productores nacionales medianos y pequeños del petróleo y gas, como proveedores de PETROBRAS, principalmente pequeñas y medianas empresas;

d) Mayor investigación y desarrollo tecnológico;

e) Importante formación de capital humano especializado en el sector petrolero y de gas natural, creación de empleo y generación de riqueza;

f) La producción offshore pasó de 443 en 1990 a 1,491 miles de barriles diarios de petróleo en el año 2006;

Producción de Petróleo de PETROBRAS (miles de barriles diarios)

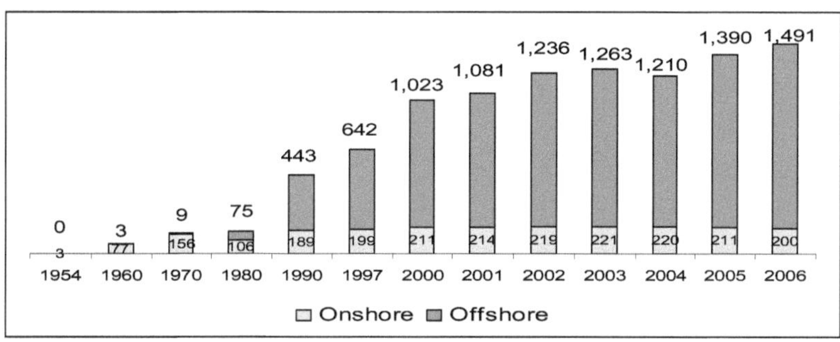

Gráfica 3.5, Fuente: Elaboración propia con datos de PETROBRAS

g) Las reservas probadas se elevaron de 7,1021 a 11,500 millones de barriles de petróleo crudo equivalente

Reservas Probadas (millones de bpce)

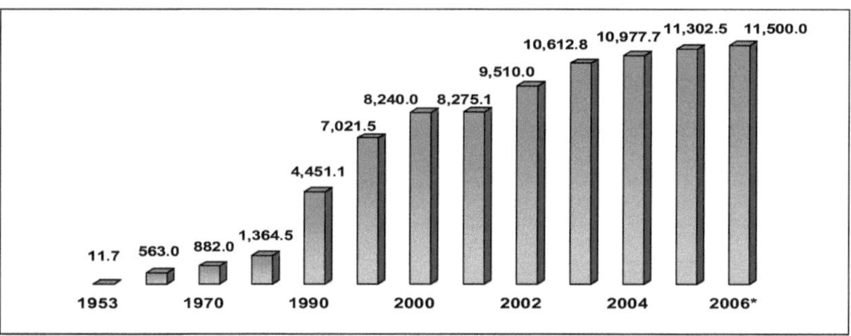

Gráfica 3.6, Fuente: Elaboración propia con datos de PETROBRAS

Bpce: Barriles de petróleo crudo equivalente

h) Actualmente tiene presencia en países como China, Japón, México, Irán, Nigeria, USA.

Presencia de PETROBRAS en el Mundo

Figura 3.16, Fuente: PETROBRAS

A diferencia de México, PETROBRAS es una empresa globalizada, la cual sigue invirtiendo en nuevos mercados buscando reservas y compitiendo en su país y en el resto del mundo y aunque en la regulación en México no prohíbe que PEMEX salga a buscar oportunidades en otros países, la decisión de su Consejo y del Gobierno Federal ha sido quedarse a operar solo en el mercado doméstico, con solo una coinversión en la refinería de Deer Park en los Estados Unidos solamente.

PETROBRAS en cifras según datos de su página electrónica.

Accionistas 272,952

Exploración 70 sondas de perforación (43 marítimas)

Reservas: (Criterio SEC[3]) 11,7 mil millones de barriles de petróleo crudo equivalente (bpce)

Producción de Crudo y Gas: 2,297 millones de bpce (2006)

Pozos Productores: 14,194

Plataformas de Producción: 112

---

3 Página electrónica de la Security Exchange Commission, http://www.sec.gov/

Producción Diaria: 1,918 mil barriles por día - bpd de petróleo y LGN 382 mil barriles de petróleo equivalente de gas natural por día

Refinerías: 16, con capacidad para 2,227 miles bpd

Rendimiento de las Refinerías: 1,965 millones de barriles por día

Ductos: 19,318 km • Navíos (propios): 51, Flota de buques: 154 (55 propiedad de PETROBRAS)

Distribución 7,000 estaciones de servicio (34% del mercado brasileños) y 492 en Argentina

Empleados directos (agosto 2009): 76,770

Compañía integrada de energía con un ingreso bruto de US$ 72,300 millones y una utilidad neta de US$12,000 millones

Coincidencias y enseñanzas para México.-

De los puntos anteriores, podemos observar que PETROBRAS durante cuatro décadas estuvo en la misma situación que Pemex, con un Estado que mantenía el monopolio constitucional de la exploración, producción y refinación de petróleo crudo; sin embargo en 1997 a raíz de la iniciativa del entonces presidente Fernando Cardoso (el cuál derrotó en las elecciones de 1994 a Luis Ignacio Lula, el cual después llegó a ser presidente de Brasil), se aprobó una reforma constitucional para permitir a empresas privadas, nacionales o extrajeras, que pudieran participar activamente en dichas áreas del sector petrolero y aunado a esto, también se abrió el mercado nacional de importación y exportación de este energético .

Otros factores en los que coincidían PETROBRAS y Pemex, fue que durante algún tiempo la petrolera brasileña ya tenía varios años operando como malos resultados y existía una gran escasez de recursos para el monto de inversión que requería la empresa. Lo que llevó a que diversos agentes promovieran los cambios necesarios al modelo petrolero brasileño.

Además existía la coyuntura en toda Latinoamérica del control de la inflación y del gasto público, así como de la privatización de empresas en manos del Estado; en México se vendieron entre otras cosas, la compañía de teléfonos, ferrocarriles, aseguradoras, etc.

Dicho cambio no fue sencillo, hubo actores como los trabajadores de PETROBRAS que se opusieron y se fueron a huelga, sin embargo el 6 de agosto de 1997, finalmente se promulgó la Ley sobre Petróleo (9,478), "la cual permitiría a PETROBRAS (...) asociarse con cualquier empresa nacional o extranjera para realizar proyectos en el país o en el exterior, además de vender activos como refinerías, pozos, oleoductos, navíos y subsidiarias "

PETROBRAS a través de su historia, de todos los desafíos que ya enfrentó y superó, tal vez el más inspirador sea la nueva realidad del mercado brasileño, con el fin del monopolio del petróleo.

Entre algunas de las enseñanzas que podemos aprender de Brasil se encuentran:

- Marco jurídico que permita la competencia regulada en toda la cadena del sector petrolero (empresas nacionales y extranjeras).
- Creación por parte del Estado de un ente regulador autónomo e independiente, que se encargue de monitorear y establecer las reglas del juego del sector.
- Contar con un centro de investigación que cumpla con las necesidades de innovación tecnológica que solicite la empresa petrolera paraestatal.
- Promover la misma excelencia conseguida en las tecnologías de prospección en exploración y producción, en todos los segmentos del sector de petróleo; es decir, en el transporte, comercialización, distribución y en la refinación.
- Creación de un Programa de Innovación Tecnológica y Desarrollo Avanzado.
- Como un primer paso, pudiera darse la apertura de la exploración de petróleo a la iniciativa privada, por medio de la adopción de los contratos de riesgo, como lo hizo Brasil en los 70´s.
- Fuerte impulso para lograr la autosuficiencia en la producción de los principales derivados utilizados en México, así como la expansión del parque de refinación (sujeto a condiciones de rentabilidad y disponibilidad de reservas), con el objetivo de modificar la estructura de las importaciones radicalmente y comenzar a exportar productos transformados con valor agregado y no solamente materia prima, como hoy en día lo hacemos.

El caso de la petrolera de Noruega: STATOIL

En la década de los años 70´s con el objetivo de explotar la riqueza petrolera, el Estado alentó el desarrollo del sector petrolero nacional a través de la expansión progresiva de las actividades de exploración y producción. Lo anterior mediante la creación de una regulación que permitiera la competencia y la cooperación con los proveedores de la industria petrolera, propiciando la integración a nivel nacional de las operaciones y actividades en torno a la industria.

Gracias a la rectoría del Estado, Noruega desarrolló un modelo de su industria con base en los siguientes principios: el control nacional de los recursos petroleros, la promoción de la participación de las empresas petroleras estatales (y su internacionalización); la colaboración con otras empresas para asimilar tecnología y experiencia y el fortalecimiento de proveedores nacionales para convertirlos en la palanca del desarrollo industrial del país.

Dicho modelo se enfocó en la creación de una cadena que integra a las empresas petroleras estatales nacionales e internacionales; a las nuevas empresas del sector de proveedores nacionales; al sector financiero y a la academia de Noruega, es decir se planeó una estrategia integral en ámbitos transversales.

Hoy en día el sector petrolero noruego cuenta con 400 empresas de bienes y servicios y más de 1,200 empresas proveedoras. Además las empresas noruegas cubren el 60% de la proveeduría del sector y sus exportaciones sumaron en el año 2005, 8 mil millones de dólares, posicionándolas en el segundo puesto a nivel internacional en términos de facturación dentro del sector energético. Después de haber desarrollado una fuerte industria petrolera estatal se implementó una estrategia de internacionalización de las operaciones de la empresa Statoil, la cual ahora colabora en más de 20 países

Es de destacar que en Noruega tuvieron la idea de crear un fondo petrolero, el cual cuenta con más de 250 mil millones de dólares, con el objetivo de transmitir los beneficios de la industria petrolera a las generaciones futuras.

Las reservas probadas de hidrocarburos ascienden a 8.5 miles de millones de barriles de petróleo crudo equivalente, lo que lo ubica en la posición 19 a nivel mundial. Noruega es el octavo productor de crudo en el mundo y el quinto productor de gas.

Entre 2000 y 2006 Noruega obtuvo cerca de 21% de su producción total, en promedio 660 mil barriles diarios de petróleo crudo, de sus campos en aguas profundas, producción que lo ubica entre los principales productores en este tipo de campos a nivel mundial.

CAPÍTULO IV.- LOS EFECTOS DE LOS COSTOS DE TRANSACCIÓN EN LA EXPLORACION Y EXPLOTACIÓN DE PETRÓLEO EN MÉXICO

IV.1.- El Modelo

El presente apartado de esta investigación tiene que ver con temas comprendidos dentro del primer capítulo del mismo, en el cual se estableció el planteamiento del problema, las hipótesis, la justificación de la investigación, el objetivo general y específicos, así como la justificación de elegir el caso de PEP y la metodología para comprobar las hipótesis seleccionadas, pero ahora se desarrollará y explicará dicha técnica, se mencionarán las características de los informantes clave y los resultados encontrados de las entrevistas realizadas.

Es necesario mencionar que los archivos originales de la transcripción estenográfica de las entrevistas, no se incluyeron como anexo de este trabajo debido a lo extenso de dicho reporte y a que a los informantes clave se les ofreció confidencialidad en los comentarios que expresaron.

Recordando la pregunta de investigación que se estableció en el primer capítulo y después de haber hecho un repaso de la importancia del sector hidrocarburos para México y para sus finanzas públicas, así como de las distintas áreas de oportunidad que generan ineficiencias en PEP, este trabajo se hace el siguiente cuestionamiento: "*¿Qué necesita México para generar políticas públicas que conviertan a PEP, en un organismo descentralizado más eficiente y rentable?*".

Responder a esta pregunta brindaría alguna o algunas propuestas de solución al problema público que se planteó desde el inicio de este trabajo, el cual está relacionado a los elementos que inciden en la determinación de las políticas públicas en el ramo de la exploración y explotación petrolera y que según los resultados analizados pareciera que sin una visión de largo plazo.

De acuerdo al primer capítulo de esta investigación se estableció la siguiente hipótesis que contestaría a dicha pregunta:

"*Dotar de autonomía de gestión, así como de un marco normativo que genere en PEP una mayor transparencia y rendición de cuentas logrará que este organismo descentralizado tenga un mejor desempeño en la exploración y explotación de petróleo crudo, es decir que sea más eficiente y rentable".*

Como se comentó con anterioridad, la metodología para comprobar las hipótesis de esta investigación será la de tipo cualitativo y a continuación se describe el proceso utilizado para recolectar los datos, así como el análisis de dicha información y los principales hallazgos.

De acuerdo al primer capítulo la principal fuente de generación de datos fueron las entrevistas semiestructuradas, diseñadas a través de un hilo conductor que fue la hipótesis y los objetivos específicos, estos a su vez ligados al objetivo general. Lo anterior según Mejía (1998), permitió categorizar las respuestas obtenidas, -también llamadas categorías éticas- las cuales se tenían previstas dada la revisión de bibliografía relevante relacionada al tema de estudio (capítulo tercero del debate teórico) y además de subtemas o indicadores que permitieron la identificación de nuevas categorías, las cuales fueron provistas por los entrevistados, también conocidas como categorías émicas.

Para el presente trabajo se decidió entrevistar a expertos relacionados a la industria de la exploración y explotación de petróleo en México y para esta investigación serán mencionados como "los informantes clave", la justificación de entrevistarlos se menciona en el capítulo I, es decir se estableció cuáles fueron los criterios para solicitarles una cita y aplicarles la guía de la entrevista (Ver Anexo I).

Las entrevistas fueron realizadas en los meses de mayo y junio de 2011 y en total se realizaron 30 entrevistas semiestructuradas con informantes reconocidos a nivel nacional e internacional, con gran experiencia académica y de campo, relacionados todos ellos con PEP.

Es importante mencionar que hubo un informante clave conocido en la bibliografía de la investigación cualitativa como el "gatekeeper" o "portero", mediante el cual el investigador tuvo un acceso privilegiado a un gran número de informantes clave y esto cobra especial relevancia dado que este sector se caracteriza por ser un círculo muy cerrado de expertos en el sector petrolero mexicano.

Después de tener cada una de las entrevistas se procedió a realizar una transcripción estenográfica de las conversaciones con los informantes clave, las cuales tuvieron una duración promedio de 50 minutos, resultando en un documento de 300 cuartillas y se les ofreció enviarles a dichos informantes clave una copia electrónica de la investigación al terminarla, así como confidencialidad en sus comentarios expresados.

IV.2.- Los informantes clave y las entrevistas

A continuación se presenta un resumen del número y tipo de informantes clave.

Tipos de informantes clave

Número de informantes entrevistados	Tipo de informantes clave
3	Legisladores de las Cámaras de Diputados y Senadores
4	Expresidentes del Consejo de Administración de PEMEX, Exdirectores Generales de PEMEX y Exdirectores Generales de la CFE.
1	Ex Gobernadores
4	Exfuncionarios de las Secretarías de Energía, Hacienda, Economía y Relaciones Exteriores.
3	Exfuncionarios de PEP y PEMEX
2	Exfuncionarios y Exasesores de la Presidencia de la República
5	Investigadores de diversas universidades públicas y privadas
1	Consejeros de empresas de tecnología petrolera transnacionales
4	Consejeros Profesionales de PEMEX y PEP
1	Exasesores en materia de petróleo de

	fracciones parlamentarias
3	Funcionarios de PEP
3	Funcionarios de la Presidencia de la República
3	Comisionados de organismos reguladores como la CRE y la CNH

Figura 4.1, Fuente: Elaboración propia.

La lista anterior de informantes clave fue dividida en 3 categorías: a) Legisladores, b) Funcionarios y exfuncionarios públicos y c) Investigadores; de acuerdo al contacto con PEP y su incidencia en las políticas de exploración y explotación de petróleo crudo en México.

Continuando con la metodología de la investigación cualitativa podemos mencionar que esta busca entender la manera de pensar de los principales actores involucrados en este problema de la definición de las políticas petroleras en México, es decir desde la perspectiva de la economía política.

Para ayudar a identificar las coincidencias en los incentivos y las diferentes visiones para los actores y en general para realizar el análisis de las entrevistas realizadas a los informantes clave, se utilizó el software computacional "MaxQDA 10, El Arte del análisis de textos"[4], el cual es una herramienta para elaborar de una manera más expedita una investigación de tipo cualitativo y en este caso ayudó a identificar más rápidamente las coincidencias en los incentivos para los distintos actores, así como para el órgano regulador, con el objetivo de identificar un comportamiento en dichos actores que genere condiciones de mayor rentabilidad y eficiencia para PEP.

Para utilizar el software MaxQDA 10 se realizó una versión estenográfica de cada entrevista y con ella se alimentó dicho software. Posteriormente y de acuerdo a Kvale (1996) se utilizaron los diferentes enfoques para el análisis de las entrevistas, los cuales están compuestos de tres partes: primero, la estructuración del material extenso y complejo para el

[4] Disponible en su versión gratuita en la página http://www.maxqda.com

análisis, el siguiente paso consistió en la clarificación del material, es decir, eliminando ideas repetidas, separando lo importante del texto para fines del presente estudio. Después el análisis consistió en desarrollar los significados de las entrevistas a los informantes clave, eligiendo los temas o conceptos que permitirán entender mejor el fenómeno a investigar; así dentro de esta etapa se cuenta con 5 enfoques para el análisis de los significados de las entrevistas, los cuales son la condensación, la categorización, la estructuración narrativa, la interpretación y los métodos ad hoc.

Como un paso previo a la categorización y de acuerdo a la metodología seleccionada para este trabajo, se procedió a construir un sistema de códigos (ó subcategorías), para a su vez llegar a establecer categorías de los puntos de vista de los diferentes actores, lo anterior con base a la pregunta de investigación, al objetivo general, a los objetivos específicos y sobre todo con la hipótesis establecida desde el capítulo I.

Construir dicho sistema fue útil y como establece Kvale (1996) "las categorizaciones estructuran las entrevistas extensas y complejas y hacen posible comprobar la hipótesis establecida".

Definición de códigos.-

De acuerdo a Bernard (2000) la codificación tiene tres aspectos:

La codificación abierta categoriza los datos, o bien categoriza el fenómeno.

La codificación teórica conecta las categorías, o bien desagrega los temas conectando los datos en nuevas formas.

La codificación selectiva se enfoca a una gran categoría, o categoría principal, integra las categorías a un nivel más alto de abstracción.

Para el caso del presente estudio se realizó la codificación abierta resultando 15 códigos y a continuación se presentan los códigos de acuerdo a las tres categorías de informantes clave.

Códigos comunes entre los legisladores, los funcionarios y exfuncionarios públicos y los investigadores.

a) Legisladores

Código	Algunas citas extraídas de las entrevistas
Actores con poder de veto Este código señala las instituciones, los grupos y los individuos, que los actores clave consideran que inciden de una manera importante en la política de exploración y explotación petrolera, de una forma normativa principalmente.	...En primer instancia los propios funcionarios de PEP, en segunda instancia con poca injerencia en los hechos, pero si mucha injerencia en lo legal, la CNH. (Legisladores 1) ... Yo creo que el sindicato ha sido un factor clave para retardar la modernización y el éxito de la empresa, porque es una fuerza que se opone a todos los cambios de modernización de la empresa y la quieren manejar como si fuera un patrimonio de ellos, es su materia de trabajo y protegen sus fuentes de empleo y la sienten patrimonio de ellos. (Legisladores 2)
Racionalidad Este código busca identificar los intereses, incentivos, o motivos que persiguen los diferentes actores y que moldean sus decisiones.	...Maximizar los grandes yacimientos de la Sonda de Campeche, aprovechar los viejos yacimientos, los campos maduros y empezar a trabajar en aguas profundas, se ha hablado mucho que es la estrategia, pero la verdad es que se ha hecho con mucha lentitud. (Legisladores 1)
Incentivos Este código trata de establecer que objetivos persiguen los diferentes actores relacionados a PEP.	...Los incentivos para que actúen y colaboren al cambio han sido negativos, son situaciones de crisis o de fracaso las que al irse aproximando, obligan a reconsiderar, lastimosamente, porque creo que si se adoptaran las decisiones de cambio con mayor oportunidad, con más anticipación, se tendrían mejores resultados. (Legisladores 2) Hay ocasiones que los funcionarios no usan su recurso aunque lo tengan, porque le tienen miedo a la SFP y otras veces aunque puedan hacerlo, SHCP

	no les libera, entonces son decisiones administrativas que entorpecen, por eso la autonomía de gestión de PEMEX es tan importante (Legisladores 3)
Competitividad Este código busca explorar qué elementos inhiben o fomentan el mejor uso de los recursos asignados a PEP, en relación a otras petroleras internacionales.	Me encantaría decirte que la parte legislativa también incide en gran medida pero no, es muy poca la vinculación que ellos tienen con nosotros, como que nos ven por encima del hombro, justificadamente o no, pero no le dan la relevancia a la parte legislativa cuando en verdad podría ser un potenciador (Legisladores 3) ...ya llevamos dos años de la Reforma y todavía no está implementada en su totalidad, lo que quiere decir que si necesitaban del Legislativo y el Legislativo ya les impuso nuevas reglas ahora ellos van muy lentos. (Legisladores 1)
Eficiencia Este código busca analizar qué elementos inhiben o fomentan un mejor uso de los recursos con los que cuenta PEP.	...es que la planeación también tiene que llevar tiempos, SHCP te libera la suficiencia normalmente después de mayo, los principales contratos en nuestro país se hacen después de mayo, por qué?, porque SCHP cobra sus impuestos en marzo y abril, entonces debería comenzar a liberar las suficiencias antes, si se hiciera todo el año tendríamos mejores condiciones de contratación, porque nos daría mejor capacidad de planeación, claro que incide SHCP en eso. (Legisladores 2) ...Mira las herramientas que la Reforma le dio a los funcionarios de PEMEX son para tener la flexibilidad para contratar, negociar, accionar, todo lo necesario para cumplir con su trabajo más eficientemente ya si no lo hacen es un tema de capacidad o de voluntad propia, no de las Leyes. (Legisladores 3)
Instituciones Este código trata de definir el marco normativo formal y no formal en el que se desenvuelven los actores	...Yo creo que PEMEX tiene mucha responsabilidad en la falta de innovación, en la velocidad en que debería de ir trabajando, pero no es la única

relacionados a PEP y que buscan moldear sus acciones dentro de dicho organismo.	responsable, muchas de sus limitaciones son externas. (Legisladores 1)
Riesgo moral Este código busca identificar -que dada la asimetría de información- en que situaciones se presenta el problema del agente-principal en relación con PEP.	...la sola autonomía de gestión no va a ayudar a que haya un mejor desempeño, porque si tenemos estos factores como el sindicato, los funcionarios de las áreas administrativas que tienen sus propios intereses y demás, la autonomía de gestión por sí misma, lo único que va a hacer es darles más grados libertad a ellos, pero no necesariamente para lograr un mejor resultado en PEP (Legisladores 2) Yo creo que el ambiente ha sido muy condescendiente con PEP, creo que ha tenido más facilidades en términos de metas, que en términos operativos, es decir, su dificultad de crecimiento en buena medida esta atorada ahí mismo, es un tema de capacidad propia, no tiene broncas, ha tenido mucho apoyo (Legisladores 3)
Costos de transacción Este código agrupa los diferentes costos administrativos, de monitoreo, de evaluación, directos, indirectos y de oportunidad, que inciden en el desempeño de PEP.	...la combinación de una ciudadanía poco informada y poco interesada en estos temas y que además es difícil que le entiendan porque son temas muy complejos, la falta de una rendición de cuentas adecuada y los intereses particulares que existen para mantener el status quo, son los elementos que incrementan los costos de transacción. (Legisladores 1)
Grupos de interés Este código busca identificar a un determinado grupo de actores que intenta obtener algún tipo de beneficio político o económico de PEP, sin que exista esfuerzo alguno por parte de dicho grupo.	...una es el factor sindical, la otra es la falta de competencia, la oposición monopólica y el control exclusivo de la actividad y la tercera es a veces la falta de recursos para inversión. (legisladores 1) ...Las grandes transnacionales han sido muy criticadas por llevarse la mayor parte del pastel yo creo que son las primeras beneficiarias, primero de que se implementen lentamente las nuevas reglas,

	porque el contenido nacional que hoy se pide que sea del 40%. (Legisladores 3)
Recursos escasos Este código tiene que ver con el análisis de los diferentes recursos relacionados con PEP y su mejor uso.	...La principal ventaja de crear la CNH, es que ahora PEP tiene una vía de validación externa para sus proyectos, hay con quién discutirlo, hay quién te pueda dar la contra y eso te obliga a ser mucho más eficiente para no equivocarte, es decir, cuidar los recursos; porque si no hay quien te revise y quien te evalúe, te vas por la libre o no hay esfuerzo yo creo que ese es el principal provecho para PEP. (Legisladores 1)
Transparencia y rendición de cuentas Este código busca conocer la percepción de los informantes clave en este tema y como coadyuvantes en el mejor desempeño de PEP.	...lo que ha venido pasando es que la SFP tiene los mismos criterios de antes de la Reforma, entonces falta modernizar los sistemas de contraloría para poder favorecer el desarrollo. (Legisladores 1) ...que la transparencia sea fundamental es muy importante para que se mejore la empresa, pero creo que debe venir acompañada de una correcta rendición de cuentas. (Legisladores 3)
Selección adversa Este código busca identificar los problemas que surgen e inciden en PEP, dada la asimetría de información entre los diferentes actores y el Estado.	...se introdujo la figura de los Consejeros Independientes y dentro de los Consejeros Independientes se encuentran distintos comités, como el comité de estrategia ó el comité de auditoría, en donde los consejeros independientes que son gente versada en la industria petrolera que sabe y la conoce a fondo, pueden aportar elementos muy importantes para juzgar su desempeño. (Legisladores 2)
Bienes públicos Aquí se trata de conocer cuál es o debería ser el desempeño de PEP en la provisión de bienes públicos, así como identificar las causas que frenan una mejor dotación de dichos bienes a la población.	...en la mayor parte de las naciones el precio está emparentado con los costos de producción, ó con el precio del competidor y la utilidad, en nuestro sistema los precios los fija SHCP y muchos de los precios no tienen nada que ver con el mercado. (Legisladores 2)

	...no hay alternativa porque PEMEX está obligado por Ley a suministrar todos los insumos energéticos que requiere el país, entonces yo tengo que surtir al país de gas L.P. aunque este más barato de lo que está afuera y tenga que salir afuera a comprarlo, entonces inhibe mucho la competitividad, porque el subsidio de gas L.P. cuesta 26,000 millones de pesos al año. (Legisladores 3)
Recursos Naturales Este código está relacionado al papel que tiene PEP en la explotación más eficiente de los recursos naturales y los derechos de propiedad de la nación.	...El objetivo de la política petrolera es incrementar la producción en el corto plazo, al costo que sea, porque no hay ni siquiera una visión de cómo administras tus recursos naturales en el mediano y largo plazo. (Legisladores 1) ...Chicontepec implica perforar en tierra, cerca de comunidades, en áreas ecológicas protegidas, poniendo en riesgo los mantos acuíferos, incluso zonas arqueológicas, entonces la dimensión del reto es enorme (Legisladores 2).
Monopolio En este código se busca conocer el punto de vista de los informantes en relación al desempeño de PEP, en su esquema actual de monopolio de la industria petrolera en México.	...un freno es el marco legal que cierra la entrada a la inversión privada, que pudiera significar transferencia de tecnología y también de sistemas y de técnicas administrativas y de explotación, etc. (Legisladores 1) ... la mejor manera de ser eficientes es compitiendo (Legisladores 2).

Figura 4.2, Fuente: Elaboración propia con datos de informantes clave.

b) Funcionarios y exfuncionarios

Código	Algunas citas extraídas de las entrevistas
Actores con poder de veto Este código señala las instituciones, los grupos y los individuos, que los actores clave consideran que inciden de una manera importante en la política de exploración y explotación petrolera, de una forma normativa principalmente.	...en cierta medida PEMEX toma algunas decisiones pero en realidad son de la SHCP (Exfuncionarios 1). ...El Director de PEMEX, el Director de PEP, la Presidencia de la República a través de la SHCP y la SENER y por último el Consejo de Administración (Exfuncionarios 5).

	...existe acuerdo directo del Presidente de la República con el Director General de PEMEX por lo que desde la oficina de la Presidencia se dictan las órdenes que tienen que ver con PEP y por ello se tiende a micro-administrarla (Exfuncionarios 3).
Racionalidad Este código busca identificar los intereses, incentivos, o motivos que persiguen los diferentes actores y que moldean sus decisiones.	...el problema que hay en exploración y producción es que usamos la palabra inversión y la inversión tiene una connotación de que tu inviertes para sacar más, o de que puedes invertir más este año y menos el que sigue, pero en realidad lo que se está haciendo es una reposición. (funcionarios 3) ...la SHCP siempre dice produce más, ¿y qué quiere la SHCP?, quiere más producción porque más producción es más dinero para la SHCP y el Congreso lo que quiere es más dinero para sus proyectos. (funcionarios 6)
Incentivos Este código trata de establecer que objetivos persiguen los diferentes actores relacionados a PEP.	...El sindicato quiere el bien de la empresa, no es un sindicato destructivo, el sindicato está dispuesto a muchas cosas, la cosa es que no están claros los elementos de negociación entre lo que quiere la empresa y lo que quiere el sindicato, aunque los dos quieren lo mismo al final, pero no lo quieren a través de los mismos medios. (funcionarios 2) ...yo trabajé en SHCP y cuando estás en SHCP te das cuenta porque trabaja como trabaja, pero no hay un incentivo real para cambiar las cosas cuando tienes una máquina que te provee el 40% de los ingresos del gobierno. (funcionarios 4) ...el incentivo es cash flow (flujo de efectivo), no es reservas ni seguridad energética. (funcionarios 1)
Competitividad Este código busca explorar qué elementos inhiben o fomentan el mejor uso de los recursos asignados a PEP, en relación a otras petroleras internacionales.	...primero el marco jurídico que aunque se ha liberalizado un poco y le ha dado más flexibilidad, más autonomía y más independencia a PEMEX en general y en particular a PEP y más recursos para

	hacer sus cosas, sigue siendo una empresa pública, sigue siendo un monopolio que no se puede quedar con todos sus recursos y no puede decidir qué hacer con sus recursos, porque buena parte de ellos los tiene que transferir a la SHCP. (funcionarios 5) ...yo creo que se está empezando a usar mejor a PEMEX, porque está empezando a desarrollar este Plan de negocios de mediano y largo plazo y ahora la Ley aunque sea imperfecta, si crea algunos órganos de gobierno que están dándole cierta autonomía y cierta visión de mediano y largo plazo a la empresa, sobre todo la figura de los Consejeros Independientes y entonces los Consejeros Independientes tanto del Corporativo como de las subsidiarias, están empezando a funcionar como un Consejo más independiente. (funcionarios 8)
Eficiencia Este código busca analizar qué elementos inhiben o fomentan un mejor uso de los recursos con los que cuenta PEP.	...se dan rigideces inter-construidas que nunca se han tenido el propósito de cambiar, de poner en marcha estrategias tendientes a flexibilizar y eliminar rigideces que existen y están interconstruidas en los contratos colectivos de trabajo, entonces el problema no es el sindicato en sí mismo, o el grupo de personas que está en el sindicato, cuales quería que las personas fuesen, tienen que administrar el contrato colectivo existente. (Exfuncionarios 3) ...hay quienes ven a PEMEX y a PEP como una extensión del gobierno, como una posición política, como una posición muchas veces desde el partido político, pero bueno, eso representa una desatención a los temas relevantes de la empresa, estratégicos de largo plazo, por temas de corto plazo que podrían tener un impacto político que no le resulte conveniente a algunos de los Consejeros Profesionales, entonces no siempre están

	focalizados. (funcionarios 2)
Instituciones Este código trata de definir el marco normativo formal y no formal en el que se desenvuelven los actores relacionados a PEP y que buscan moldear sus acciones dentro de dicho organismo.	...en algunas ocasiones el funcionario público consciente de que la decisión que pueda tomar le cuesta más a la empresa, pero es la más segura desde el punto de vista administrativo y a prueba del auditor, elige la opción más cara y menos eficiente, para no tener problemas, aún sabiendo que le va a costar mucho más dinero a la empresa y al país y decirle hacerlo así por cuestiones de auditoría, debido a que no solamente perder su trabajo sino también su patrimonio e ir a la cárcel, entonces son consecuencias my serias y difíciles de demostrar, porque son decisiones de negocio, son decisiones técnicas y la gente que revisa y fiscaliza no le va a entender. (funcionarios 3) ...El Congreso aparte de influir en el sentido que de alguna manera subordina al igual que la SHCP, la política de producción a la política presupuestal y a la política fiscal, influye también porque no modifica el marco jurídico que podría cambiar, dado que los únicos que lo podrían cambiar son ellos. La explicación ahí es compleja para no cambiar las cosas, hay quienes tienen motivos ideológicos y hay quienes tienen motivos político electorales de corto plazo que creo que son los que prevalecen. (Funcionarios 4)
Riesgo moral Este código busca identificar que dada la asimetría de información, en que situaciones se presenta el problema del agente-principal en relación con PEP.	...ahí me voy a dar un balazo en el pie porque yo soy el regulador, este es un tema de confianza yo trabajé en la industria privada, en la UNAM, en PEMEX, en la SENER y en SHCP yo te puedo decir que mi conclusión es un tema de confianza, no confiamos entre dependencias, PEMEX tiene una imagen de sus reguladores (de SHCP y SENER) de que no saben nada y que nada más me están molestando y

	no me dejan operar y los reguladores tienen la imagen que PEMEX nada más quiere sacarles dinero. (funcionarios 4) ...poniéndome la camiseta de SHCP, recibes a PEP que te dice que necesita más dinero y yo como PEP te respondo, me tienes que dar más para que yo invierta; entonces está difícil cuestionar la parte técnica de PEP, porque te pueden venir a explicar la geología, la geofísica, las presiones, la saturación y bueno tú dices, me están diciendo la verdad, ellos son los expertos, los que saben y te dicen yo necesito más dinero, necesito hacer más cosas. (Funcionarios 2)
Costos de transacción Este código agrupa los diferentes costos administrativos, de monitoreo, de evaluación, directos, indirectos y de oportunidad, que inciden en el desempeño de PEP.	...PEMEX es una entidad sobre-regulada y muy ineficientemente regulada, o sea hay demasiadas normas, demasiadas regulaciones, que tienen un costo muy fuerte porque retardan las decisiones. (Exfuncionarios 2) ...PEP es la entidad del sector público que tiene el presupuesto más grande, estamos hablando de casi 20,000 millones de dólares que ejerce al año y el hecho de entrar a un procedimiento administrativo para preparar una licitación, para concursarla, para seguir todas y cada una de las reglas de una licitación pueden representar algunos meses de retraso respecto a un procedimiento sin tantas reglas, sin tanta fiscalización y algunos meses estamos hablando de 2 hasta 6 meses de diferencia, es decir, el costo de oportunidad por el retraso, por haber respondido a todos y cada uno de los requisitos administrativos, que no son discrecionales y la otra, es el costo directo por haber tenido una estructura administrativa dedicada a ello. (Funcionarios 3)

Grupos de interés Este código busca identificar a un determinado grupo de actores que busca obtener algún tipo de beneficio político o económico de PEP, sin que medie esfuerzo alguno por parte de dicho grupo.	...los actores económicos reales cumplen un papel esquizofrénico porque en su actuación como ciudadanos exigen un alto grado de racionalidad en la política de exploración y producción y en su actuación como intereses económicos exigen que se mantenga el nivel de subsidios y para eso hay que producir lo mas que se pueda y exportar lo mas que se pueda, para que el país pueda seguir disfrutando digamos de esta manera de la renta petrolera. (Exfuncionarios 1) ...Estados Unidos espera ver de México ser un garante del suministro y la industria nacional espera garantía de suministro de energía y energéticos a precios apropiados para su posición en el mercado. (Exfuncionarios 4)
Recursos escasos Este código tiene que ver con el análisis de los diferentes recursos relacionados con PEP y su mejor uso.	...sería muy bueno que PEP y PEMEX pudieran tener presupuestos multianuales y no presupuestos de corto plazo, como es una empresa pública que depende del presupuesto de la federación, muchas veces con una gran incertidumbre porque no sabes cuánto dinero le vaya a dejar el gobierno de sus impuestos, entonces si pudiera irse moviendo a una mayor autonomía y sea más dueño de sus recursos, eso no quiere decir que la renta petrolera se la tenga que gastar PEMEX, pero por lo menos que pueda tener una visión de más largo plazo. (Funcionarios 2) ...Actualmente tenemos un problema de recursos escasos en cuanto al tema de formación de capital humano, hace dos años en PEMEX había estudiando en el extranjero solamente 7 empleados, únicamente 7 de 145,000 empleados, entonces esa parte de la

	formación de recursos humanos, la parte de la innovación tecnológica, sumada al gran peso de la carga fiscal, a la falta de autonomía de gestión es lo que le resta eficiencia. (Funcionarios 5)
Transparencia y rendición de cuentas Este código busca conocer la percepción de los informantes clave en este tema y como coadyuvantes en el mejor desempeño de PEP.	...una mayor rendición de cuentas y transparencia no necesariamente se traduciría en una mayor eficiencia, lo cual no quiere decir que no sea deseable que haya una mejor rendición de cuentas y una mayor transparencia, pero no necesariamente en una relación de causalidad directa entre eso y una alta eficiencia. Una mayor autonomía de gestión si se traduciría directamente en un aumento de la eficiencia y competitividad de PEP. (Exfuncionario 1) ...Debe transparentarse toda la operación de PEMEX y PEP, con excepción de algunas cosas que deben de mantenerse con un cierto grado de confidencialidad, que tienen que ver con los valores estratégicos de la empresa, que son mantenidos confidencialmente por cualquier empresa petrolera del mundo sea estatal o sea privada, como lo es el conocimiento de los yacimientos y factores de ese tipo que están relacionados con los activos de largo plazo de la empresa como tal. (Exfuncionario 5)
Selección adversa Este código busca identificar los problemas que surgen e inciden en PEP, dada la asimetría de información entre los diferentes actores y el Estado.	...la CNH está diseñada para que sea un organismo técnico que te diga que sí puedes explotar, como explotar, a qué velocidad, etc. y creo que le falta recurso humano le afecta, o sea, tú ves al Presidente de la CNH y solo hace declaraciones de prensa, su fuerte no es el área técnica, no es geólogo ni petrolero y estamos hablando que dirige un organismo enteramente técnico, el cual se supone que es el freno de decisiones políticas y económicas para tratar de aislarlo y entonces a la hora que incorporas ahí a un político, le das en la torre a la

	CNH. (Funcionarios 1) ... yo creo que ha habido muchos problemas en la empresa en la instrumentación en la Ley de PEMEX, deficiencias y desviaciones en la instrumentación de la Ley de PEMEX, quizá la primera de ellas y la más grave es haber politizado la integración del Consejo de PEMEX, porque en lugar de tener Consejeros independientes, que era la idea original que está recogido en la Ley, en los hechos los que ahorita forman parte como Consejeros independientes del Consejo de Administración, son realmente delegados de los partidos políticos y eso es haber politizado al extremo un Consejo de por si complicado por la presencia del STPRM en el Consejo de Administración de PEMEX. (Exfuncionarios 3)
Bienes públicos Aquí se trata de conocer cuál es o debería ser el desempeño de PEP en la provisión de bienes públicos, así como identificar las causas que frenan una mejor dotación de dichos bienes a la población.	...PEMEX está obligada por Ley a dar todos los insumos energéticos que requiere el país, entonces por ejemplo, tiene que surtir al país de gas L.P. aunque este más barato de lo que está en el extranjero y tenga que salir afuera a comprarlo, entonces inhibe mucho la competitividad, porque el subsidio de gas L.P. cuesta 26,000 millones al año. (Funcionarios 2) ...algo que frena mucho la competitividad es el sistema de precios, en la mayor parte de las naciones el precio está emparentado con los costos de producción, con el precio del competidor y la utilidad; en nuestro sistema, los precios los fija un comité donde lleva mano la SHCP y muchos de los precios no tienen nada que ver con el mercado. (Exfuncionarios 2)
Recursos Naturales Este código está relacionado al papel que tiene PEP en la explotación más eficiente de los recursos	...¿que agrega la CNH?, lo que se supone que agrega es lograr que la explotación de los recursos naturales y de los yacimientos, sea óptima, que los

naturales y los derechos de propiedad de la nación.	yacimientos no se sobreexploten, o subexploten, o sea, que no se dejen demasiados recursos en el subsuelo al momento de explotar un yacimiento, que digan, pero es que 20,30 o 40% del recurso se quedo bajo el suelo, que sucede en todos los yacimientos del mundo, pero el tema es minimizar ese porcentaje, o por el contrario, que el ritmo, la intensidad, de la explotación no haga que se queden demasiados hidrocarburos abajo, que es un poco lo mismo, en el fondo digamos, lo que hay que vigilar es el que las formas técnicas que se utilizan para explotar el yacimiento minimicen la cantidad de hidrocarburos que se quedan después que se deja de explotar el yacimiento. (Exfuncionarios 2) ...entonces tienes de saque un incentivo malo, tienes una rendición de cuentas netamente financiera y por ello, cuando PEP tiene unas metas de producción y por lo tanto de flujo, que le tienes que proveer a SHCP, entonces tu política de exploración y producción está totalmente sesgada a flujo de efectivo, no está sesgada a factor de recuperación, no está sesgada a sustentabilidad energética, no está sesgada a protección al medio ambiente, no estoy diciendo que no lo haga, pero no es la variable que más impacta. (Funcionarios 4)
Monopolio En este código se busca conocer el punto de vista de los informantes en relación al desempeño de PEP, en su esquema actual de monopolio de la industria petrolera en México.	...en México no se ha sabido distinguir entre el monopolio de recurso ante el monopolio del instrumento y mientras no se entienda que PEMEX y PEP son solamente un instrumento y no son el fin, mientras no se entienda que puede haber otros instrumentos y que de hecho deberíamos de tener varios operadores que compitiendo nos ayuden a alcanzar más eficientemente ese fin, difícilmente vamos a lograr buenas cosas. (Funcionarios 6)

	...mira la competencia ya existe realmente, no lo queremos poner de esa manera, pero la mayor parte de la exploración y la explotación que se hace en México se hace subcontratada, entonces en realidad ya existe, porque tu vas sacando esos pozos y se los vas asignando a empresas diferentes las cuales trabajan en un contrato para PEMEX, entonces es una acción de PEMEX, pero en realidad ya hay una competencia inherente. (Funcionarios 2).

Figura 4.3, Fuente: Elaboración propia con datos de informantes clave.

c) Investigadores

Código	Algunas citas extraídas de las entrevistas
Actores con poder de veto Este código señala las instituciones, los grupos y los individuos, que los actores clave consideran que inciden de una manera importante en la política de exploración y explotación petrolera, de una forma normativa principalmente.	... en primer término dentro de los actores principales estaría la SHCP, pudiera parecer extraño que empecemos por la SHCP, pero tenemos que ver qué es lo que rige los objetivos que se fija PEMEX (Investigadores 1). ...Ciertamente la SHCP yo diría que si bien los actores técnicos deberían tener prominencia en los planes de desarrollo de exploración y producción de los hidrocarburos en México, todavía todo se cierne a través de un embudo fiscal y ya de forma más apegada al poder de decisión que tenga la SHCP está el mismo PEMEX y en un tercer plano estaríamos hablando de la SENER; entonces como ves hay una especie de desorden institucional en el cuál el factor de decisión es la SHCP, la cual sigue una dinámica de comando y control sobre PEMEX y ahora de forma muy incipiente y de manera tal vez mediáticamente más impactante pero sin una repercusión directa en la vida práctica es la CNH y casualmente la CNH ejerce sus facultades en

	medios. (Investigadores 3)
Racionalidad Este código busca identificar los intereses, incentivos, o motivos que persiguen los diferentes actores y que moldean sus decisiones.	...el fortalecimiento institucional y todos los mecanismos de otorgamiento competitivo de contratos, de transparencia, de rendición de cuentas, es decir, hay que tumbar el edificio institucional, tal como existe y volverlo a construir y una vez que haces eso entonces liberalizas, es decir tendrás contratos más atractivos para la inversión privada, incluyes más actores y PEMEX no queda como único operador, sino como un operador más. (Investigadores 2) ...realmente el objetivo es incrementar la producción petrolera en el corto plazo, porque no hay ni siquiera una visión de cómo administras tu recurso en el mediano y largo plazo. (investigadores 5)
Incentivos Este código trata de establecer que objetivos persiguen los diferentes actores relacionados a PEP.	...se ha probado que los órganos de gobierno tienen todos los incentivos para no transparentar, entonces necesitamos un ingrediente al interior de PEMEX que realmente diera el acicatazo para hacer una transparencia efectiva y eso sería el interés del inversionista. (Investigadores 2) ...estos cambios los tendría que exigir la ciudadanía y en la medida que no haya una conciencia ciudadana de lo que requiere este país, el día que nos quedemos sin petrolíferos y que haya apagones por falta de combustibles que alimenten las centrales eléctricas y que nos quedemos sin gasolina, entonces la población va a pedir una reforma energética, entonces hay que llegar a una crisis. (Investigadores 4)
Competitividad Este código busca explorar qué elementos inhiben o fomentan el mejor uso de los recursos asignados a PEP, en relación a otras petroleras internacionales.	...por ejemplo, los procesos de aprobación de proyectos después de la reforma energética se duplicaron o se triplicaron, porque ahora ya tienen que pasar por el comité de inversión en el Consejo

	de Administración, además que tiene que pasar por la CNH y ahora hay un Consejo de Administración específico para PEP, entonces los filtros y las instancias por las cuales tienen que pasar los proyectos de PEP, aletargan muchísimo el proceso de aprobación de los proyectos, es decir hay un tortuguismo institucional tremendo, entonces el proceso de toma de decisiones es muchísimo más largo y torpe. (Investigadores 1) ...queda muy claro que los trabajadores petroleros mexicanos son de los mejores que hay en el mundo, entonces ¿qué es lo que estamos haciendo mal?, desde el punto de vista de cómo está organizada la empresa, ¿cómo está administrada?, ¿cuáles son las reglas del juego que se siguen en la empresa, que están impidiendo que tengamos el crecimiento que deberíamos de tener con el potencial que México tiene en términos petroleros?. (Investigadores 3)
Eficiencia Este código busca analizar qué elementos inhiben o fomentan un mejor uso de los recursos con los que cuenta PEP.	...en PEP el énfasis esta puesto en la producción de barriles y no en la rentabilidad en sí y en el caso específico de Chicontepec no se han producido los barriles que se esperaban y además los pocos que están produciendo ha sido a un costo demasiado elevado. (Investigadores 4) ...una cuestión actual que tiene que ver con la competitividad y eficiencia de PEP, es el hecho que estamos cambiando de área de expertise, PEP es una empresa que ha sido líder en el mundo entero en producción en aguas someras y hoy en día se le está pidiendo que se vaya a hacer exploración en tierra, en campos sumamente fraccionados, que es el caso de Chicontepec, es una explotación donde necesitas perforar miles de pozos y no es una exageración cuando digo miles de pozos, son pozos que

	producen durante muy corto plazo, máximo seis meses y luego hay que cerrarlos. (investigadores 5)
Instituciones Este código trata de definir el marco normativo formal y no formal en el que se desenvuelven los actores relacionados a PEP y que buscan moldear sus acciones dentro de dicho organismo.	...cuando la CNH saca su reporte diciendo que Chicontepec está perdiendo muchos recursos y que hay una serie de problemas con la forma en que está llevando la explotación, lo primero que sucede es que hay una respuesta muy negativa por parte de la SENER, donde la SENER, llama a los Comisionados y la Secretaria regaña a los Comisionados y los cuestiona y además hay una cuestión de cómo anuncian ustedes esto ante el público sin haberlo consensuado con nosotros, a raíz de eso, la CNH que todavía no sacaba al público su informe, lo reescribe en una forma que recibe la aprobación de la SENER, debido a que ya no podían echarse para atrás porque ya había salido y ya habían dicho que existía el informe y había que salir con algo y entonces todo lo que era realmente crítica de fondo, pues la SENER decía que no, que estaba muy complejo para que el público en general lo entendiera y total sacaron un informe bastante matizado. (investigadores 1) ... la buena noticia es que ahora hay un órgano técnico que evalúe en términos de sustentabilidad, eficiencia y rentabilidad, entonces PEP se podría ver beneficiado en el sentido de tener a un observador ajeno, que tuviera una distancia institucional lo suficientemente sana, como para determinar qué proyectos son verdaderamente para PEP y para México, pero habida cuenta de que la CNH es muy pequeña y hay una asimetría de información tremenda entre PEP y la CNH, lo que se puede convertir la CNH en este momento es una causa de

	molestia, sin que haya realmente un beneficio, o sea la dinámica tendría que ser muy distinta. (Investigadores 4).
Riesgo moral Este código busca identificar -que dada la asimetría de información- en que situaciones se presenta el problema del agente-principal en relación con PEP.	...por una parte la mayor autonomía debe de ir ligada a una mayor rendición de cuentas, además debe contar con un regulador externo como es la CNH, que también me parece importante. (Investigadores 1) ...se debe contar con una medición en función de resultados como cualquier petrolera del mundo, la característica principal es la autonomía de gestión pero en base a resultados y también con rendición de cuentas pero en base a resultados. (Investigadores 4)
Costos de transacción Este código agrupa los diferentes costos administrativos, de monitoreo, de evaluación, directos, indirectos y de oportunidad, que inciden en el desempeño de PEP.	...no podemos movernos en términos de no poder hacer alianzas estratégicas con empresas que tienen realmente una vasta experiencia en ese sentido y por lo tanto, tenemos que mantenernos dentro de los esquemas actuales, aún con los nuevos contratos incentivados; esto viene siendo un esquema donde pagamos un costo muy alto, el no modificar en lo más mínimo nuestro marco jurídico. (Investigadores 1) ..., las reglas de la contratación limitan al establecer una cantidad de reglas muy pesadas, muy rígidas que limitan que empresas que operan internacionalmente vean a México como un mercado atractivo, no tanto por el tamaño del mercado, porque PEMEX es un enorme mercado como comprador, sino por todas las implicaciones burocráticas o administrativas que le representan, entonces esto le añade costos, costos que no están dispuestos a pagar, entonces no tienen los incentivos para tratar de participar en México. (Investigadores 2)

Grupos de interés Este código busca identificar a un determinado grupo de actores que busca obtener algún tipo de beneficio político o económico de PEP, sin que exista esfuerzo alguno por parte de dicho grupo.	...ahí hay un gran interés yo diría tanto de los directivos de PEP como de los propios trabajadores, creo que podemos decir que hay toda una serie de grupos de intereses ya creados que están interesados en mantener el status quo y donde juega un papel importante el sindicato, pero sin duda también los contratistas de PEMEX que se ven beneficiados por el esquema actual de producción. (Investigadores 1) ...en el caso del transporte por ejemplo, es un escándalo algo que no resolvió la Reforma Energética de 2008 y no la resolvió porque hay tantos intereses creados, el hecho de que en lugar de transportar por ductos de transporte, sea por pipas, cuando es super peligroso y mucho más caro, se presta a mucho mayor corrupción. (Investigadores 2)
Recursos escasos Este código tiene que ver con el análisis de los diferentes recursos relacionados con PEP y su mejor uso.	...obviamente la política que SHCP ha tenido con PEMEX, pues ha limitado mucho todo el tema de la reinversión de los recursos en PEMEX. (Investigadores 3) ...a PEMEX le piden el 117% de su rendimiento de operación, no hay empresa que sea sostenible, ninguna empresa en el mundo puede funcionar así y obviamente muchos de los problemas que estamos viendo hoy en día en PEMEX, no son de hoy, son problemas que llevan 30 años o más gestándose, porque llevan años y años, de no invertir. (Investigadores 2)
Transparencia y rendición de cuentas Este código busca conocer la percepción de los informantes clave en este tema y como coadyuvantes en el mejor desempeño de PEP.	...yo creería que podría mejorar la transparencia y la rendición de cuentas, siempre y cuando se permitiera que PEMEX tuviera por ejemplo, inversión de capital privado, aún si fuera sin derecho a voto, como es el caso de PETROBRAS o ECOPETROL, porque si hay un interés protegible como lo es el interés de los

	accionistas y criterios de rentabilidad reales entonces hay un incentivo para que haya transparencia. (Investigadores 1) ...Los bonos ciudadanos es una intención pero es una solución imperfecta, porque no es la misma exigencia de toda una estructura financiera que se dedica a eso, a la rendición de cuentas de las empresas, que un gran número de pequeños tenedores, que no tienen la capacidad, ni los recursos para llevar a cabo ese escrutinio como normalmente debería ocurrir en los mercados (Investigadores 2).
Selección adversa Este código busca identificar los problemas que surgen e inciden en PEP, dada la asimetría de información entre los diferentes actores y el Estado.	...entonces en la medida que sean partidos políticos y no particulares, no individuos, como tenedores de un pedazo de PEMEX, o tenedores parciales de PEMEX, tal vez sería más acertado decir, pues no hay incentivos para los Consejeros profesionales para actuar con la debida diligencia, pues lo que están buscando es ser ratificados y quien ratifica, pues el Senado, entonces tiene un interés político fuertísimo y el interés que tienen los ciudadanos es muy difuso. (Investigadores 5)
Bienes públicos Aquí se trata de conocer cuál es o debería ser el desempeño de PEP en la provisión de bienes públicos, así como identificar las causas que frenan una mejor dotación de dichos bienes a la población.	...PEMEX tiene que absorber una cantidad considerable de subsidios escondidos al proveer petrolíferos en el mercado doméstico y que inhiben una realidad de mercado y eso tiene dos puntos malos, se le cargan a PEMEX esos costos y aparece menos competitivo y por otro lado le das a una excusa a PEMEX para decir no es competitivo porque no decide los precios. (Investigadores 2) ...el gobierno puede tener una política pública de educación gratis para todos, seguro médico gratis para todos, etc., pero a todos nos queda claro que debe tener a su máquina de hacer dinero

	perfectamente aceitada, eso es PEMEX y la forma de hacerlo es que trabaje como empresa. (Investigadores 4)
Recursos Naturales Este código está relacionado al papel que tiene PEP en la explotación más eficiente de los recursos naturales y los derechos de propiedad de la nación.	...¿por qué esta caída tan precipitada de Cantarell?, pues porque se sobreexplotó el yacimiento y ¿por qué se sobre explotó?, porque le quieran sacar lo más rápido el petróleo para tener más renta petrolera, entonces ahí estas poniendo a la empresa en un esquema de producción que no es el natural para el tipo de negocio que tiene. (Investigadores 1)
Monopolio En este código se busca conocer el punto de vista de los informantes en relación al desempeño de PEP, en su esquema actual de monopolio de la industria petrolera en México.	... siento que el país no está listo y no creo que estemos listos en la próxima década a una apertura del sector, digamos que cierta parte de la exploración y explotación petrolera esté en manos de privados, no lo creo, pero sin embargo si siento que sería muy importante para mejorar la competitividad y la eficiencia de la empresa que se pudieran llevar a cabo alianzas estratégicas con otras empresas extranjeras, que sean las mejores a nivel internacional y que puedan permitir a PEMEX adquirir de una manera rápida, la tecnología y la capacitación que se requiere para poder producir por ejemplo en aguas profundas. (Investigadores 3) ...ciertos contratistas de empresas de servicios en torno a PEMEX, también están muy interesadas en que no haya una apertura y permanezca el monopolio de PEMEX, pues viven de criterios rentistas. (Investigadores 5)

Figura 4.4, Fuente: Elaboración propia con datos de informantes clave.

IV.3.- Análisis y resultados

De la información obtenida a través de las entrevistas y del análisis de las estructuras secuenciales en el texto agrupadas en seis áreas temáticas, surgieron 15 categorías para los tres tipos de informantes clave, a las cuales conforme a Bernard (2000) les llamaremos codificación abierta y conectando dichas categorías podremos llegar a lo que se le conoce como codificación teórica, es decir conectando los datos obtenidos en nuevas grandes categorías que agrupen esas 15 categorías iniciales.

La nueva codificación teórica quedaría de la siguiente forma:

a) Transparencia y rendición de cuentas.-

   Esta codificación comprende la categoría inicial del mismo nombre.

b) Estructuras institucionales

   Esta codificación teórica incluye las categorías iniciales: Instituciones, bienes públicos, recursos naturales y Monopolio.

c) Agentes racionales

   Esta codificación incluye a las siguientes categorías: Actores con poder de veto, racionalidad, incentivos, riesgo moral, grupos de interés y selección adversa.

d) Competitividad y eficiencia

   Esta codificación incluye precisamente las categorías: Competitividad y eficiencia.

e) Costos de oportunidad

   En esta última codificación se toman en cuenta las categorías: Costos de transacción y recursos escasos.

Esta codificación teórica posee un nivel más abstracto de análisis en relación a las categorías y establece un esquema para el estudio de PEP desde el punto de vista de la economía política.

Asimismo recordemos que para este trabajo tanto la codificación abierta como la teórica son herramientas que nos ayudarán a aceptar o rechazar la hipótesis que se estableció desde el primer capítulo y en el caso de aceptarse no implica una solución única y absoluta para PEP, sino que debe considerarse como una alternativa que podría elevar la rentabilidad y eficiencia de dicho organismo de acuerdo a la opinión de expertos en la industria petrolera en México; así también la codificación realizada en base a la información obtenida de las entrevistas ayudará a cumplir con el objetivo general y los objetivos específicos.

De los datos (entrevistas) que se realizaron con los informantes clave podemos mencionar los siguientes resultados:

a) Transparencia y rendición de cuentas.-

Tanto los legisladores, los funcionarios y los académicos mencionan que estos elementos siempre serán bien vistos y son básicos para un mejor desempeño de PEP y deben complementarse entre ellos, además que la rendición de cuentas no sea netamente financiera, así como de una autonomía de gestión que permita elevar los niveles de eficiencia y competitividad dentro de PEP.

b) Estructuras institucionales.-

De las entrevistas realizadas se identifica una línea de mando en el gobierno federal (Oficina de la Presidencia), para moldear las decisiones en diversas esferas que inciden sobre PEMEX y PEP y para ello utiliza como herramientas a diferentes instituciones como la política energética, la regulación, la constitución, reglamentos y diversas disposiciones administrativas y la provisión de bienes públicos y con ello se prioriza la maximización de la renta petrolera en el corto plazo, dejando de lado temas como la eficiencia, la rentabilidad, el factor de recuperación, la sustentabilidad, el cuidado del medio ambiente, etc.

c) Agentes racionales.-

Se señala por parte de los legisladores la necesidad de utilizar incentivos negativos (castigos) con los funcionarios de PEMEX y PEP, pero cuidando mantener un balance que no los frene en la operación tomando en cuenta que está es una industria de riesgo, además perciben que se le ha dado mucho apoyo a PEP pero este organismo no ha dado los pasos a la velocidad requerida. Se identifica que algunos actores buscan un mismo resultado pero a través de diferentes medios, así también se señala que por parte de SHCP no se cuenta con un incentivo real para cambiar dada la facilidad de obtener flujo de efectivo a través de los ingresos petroleros, además se establece que cada actor (dependencia pública) desconfía del otro, de ahí se explica el exceso de mecanismos de control y supervisión.

Además se señala la necesidad de mayor autonomía para tener una visión de más largo plazo y se indica como un foco de atención la composición del Consejo de Administración, el máximo organismo de decisión de PEMEX, que si bien cuenta ahora con actores expertos en la industria petrolera, están identificados con las tres principales fracciones parlamentarias y no necesariamente podrían estar enfocados en las decisiones que más beneficien a la empresa.

d) Competitividad y eficiencia.-

De acuerdo a las entrevistas, los legisladores tienen la visión que inciden muy poco en las políticas petroleras salvo en la Reforma Energética de 2008, consideran que hay muy poca vinculación entre PEMEX y el legislativo, siendo que podría ser un potenciador de la competitividad y la eficiencia en dicho organismo público descentralizado y que aunque ya se les dieron las herramientas para ser más eficientes, los funcionarios de PEP aún no las aprovechan. Los funcionarios y exfuncionarios tienen la perspectiva que aún que se le han dado mayor flexibilidad se continúa con un régimen fiscal que le absorbe todos los recursos a PEMEX y a PEP para invertir en tiempo y forma, lo cual le resta mucha competitividad y eficiencia a PEP.

También los funcionarios y exfuncionarios señalan como un problema para la competitividad -si bien no el mayor pero si uno de los problemas importantes- son las rigideces interconstruidas en los contratos colectivos de trabajo a lo largo del tiempo, por su parte los investigadores observan que ahora los procesos de aprobación de proyectos en PEP se han vuelto más complejos, lo que hace que proceso de autorización sea mayor.

e) Costos de oportunidad.-

Según los investigadores la falta de una rendición de cuentas adecuada y los intereses particulares que existen para mantener el status quo, incrementan los costos de transacción en PEMEX y PEP, en cambio los funcionarios y exfuncionarios consideran que PEMEX y PEP están sobre-regulados, lo cual genera un costo de oportunidad importante al retardar muchas decisiones, por su parte para los investigadores él no permitírsele a PEMEX hacer alianzas estratégicas con empresas internacionales genera para el país un costo de oportunidad muy alto.

El contar con estos puntos de vista de expertos en el tema de las políticas de exploración y explotación petrolera en nuestro país y en otras partes del mundo, e incluso algunos de ellos con la experiencia de tomar decisiones e incidir en ellas al más alto nivel, nos ayuda a través del consenso a ratificar el problema público que enfrentamos y también nos ayuda a corroborar que la transparencia, la rendición de cuentas y la autonomía de gestión, generarían mejores condiciones de competitividad y eficiencia en PEP, es decir de acuerdo a las entrevistas realizadas se encontró evidencia para aceptar la hipótesis planteada en el capítulo I, que *"Dotar de autonomía de gestión, así como de un marco normativo que genere en PEP una mayor transparencia y rendición de cuentas logrará que este organismo descentralizado tenga un mejor desempeño en la exploración y explotación de petróleo crudo, es decir que sea más eficiente y rentable".*

En el siguiente capítulo se presentarán las principales propuestas de política pública relacionadas a la exploración y explotación de petróleo crudo que surgieron de a) las entrevistas con los informantes clave, aquellas basadas en b) experiencias exitosas de otras petroleras y c) aquellas diferenciadas su carácter estratégico y operativo.

CAPÍTULO V.- CONCLUSIONES

En este último capítulo de la investigación se presentan algunas propuestas de lineamientos de políticas públicas para la exploración y explotación de petróleo crudo en México, en base a elementos como las entrevistas realizadas, la bibliografía revisada y a las experiencias exitosas de petroleras paraestatales analizadas por la Organización para la Cooperación y el Desarrollo Económico (OCDE) y el Banco Mundial, así como del caso específico de PETROBRAS. Además se recapitulan los hallazgos relacionados al objetivo general y objetivos específicos de esta investigación, se exponen líneas de investigación que pudieran ser desarrolladas posteriormente y se finaliza este capítulo con las principales conclusiones de la presente investigación.

V.1.- Las propuestas de lineamientos de lineamientos de política pública que resultaron de las entrevistas

A lo largo de este trabajo se han señalado los grandes retos que enfrenta Pemex, como por ejemplo: administrar de la manera más eficiente la declinación de los principales yacimientos y sustituyendo dicha declinación con hidrocarburos provenientes de otros lugares; incrementar las reservas probadas para al menos sostener en el mediano plazo la plataforma de producción de petróleo crudo; mejorar sus mecanismos de fiscalización, transparencia y rendición de cuentas y elevar su desempeño operativo, etc.

Sin embargo para poder enfrentar con éxito dichos retos es necesario realizar algunas modificaciones en el marco normativo que regula a PEMEX y a PEP y con ello generar las condiciones que les permitan ser más eficientes y rentables a dichos organismos.

Propuestas de informantes clave

A continuación se presentan propuestas que fueron señaladas por algunos informantes clave, en relación a lineamientos de políticas públicas en la exploración y explotación de petróleo que pudieran ser aplicables a la subsidiaria PEP y a PEMEX y de acuerdo al grado de complejidad de implementarlas:

Grado de complejidad relativamente bajo.-

- Modernizar y estandarizar los sistemas de contraloría de la Secretaría de la Función Pública, la Auditoria Superior de la Federación y el Órgano Interno de Control, con el objetivo de favorecer el desarrollo y mejorar la eficiencia y la competitividad de PEP. Hoy en día PEMEX podría hacer contrataciones directas muy importantes, negociando mejores precios, dado que tiene reglas mucho más laxas en comparación al marco que se tenía antes de la Reforma Energética de 2008, sin embargo aún falta poner en práctica muchas de esas reglas.
- PEMEX y PEP deben de contar con autonomía de gestión, que le brinde la capacidad para defenderse de las arbitrariedades fiscales que le impone el gobierno federal por conducto de la SHCP, las tasas de impuestos, las tasas de derechos, los límites a las deducibilidades (conocidos como los Cost Caps) y las constantes modificaciones a sus regímenes de impuestos y derechos, son claramente una de las cosas que tendrían que cambiarse radicalmente para poder adquirir dicha autonomía.
- En este sentido se debe tomar como ejemplo la autonomía otorgada al Banco de México a través de un cambio a la Ley Reglamentaria del artículo 28 constitucional en el año de 1993 y que lo reconoce como una persona de derecho público con carácter autónomo, con lo cual le da autonomía en el ejercicio de sus funciones y en su administración. Uno de los pilares de la autonomía de Banco de México lo integran las disposiciones tendientes a procurar la independencia de criterio de las personas encargadas de su conducción, por lo que el ejercicio de las funciones y administración del Banco de México están encomendados a una junta de Gobierno y un Gobernador.
- Adicionalmente se establecen una serie de requisitos para ser designado miembro de la Junta de Gobierno, los cuales tienen como propósito lograr un elevado nivel técnico y profesional de sus integrantes y dichos miembros solo

pueden ser removidos por causa grave, lo que le brinda una mayor independencia, pero lo anterior es concomitante a que rindan un informe a principios de año al Ejecutivo Federal y al Congreso de la Unión, donde describa la política a seguir por la institución en el ejercicio respectivo y también sobre la ejecución de la política monetaria durante el ejercicio inmediato anterior y además las personas encargadas de la conducción del Banco pueden ser sujetos de juicio político.

- Se propone darle una mayor autonomía a la CNH, que sea realmente independiente, que no dependa orgánicamente de la SENER y que sea dicha dependencia la que establezca la política de petróleo crudo en el país y no la Secretaría de Energía y que además tuviera las atribuciones y las facultades para realmente regular y sancionar cuando fuera el caso a PEMEX y a PEP, además hay que tener en cuenta que la regulación a nivel mundial dentro de la industria petrolera está cambiando y cada vez se está volviendo más una función de acompañamiento de la empresa, donde el regulador está desde el principio revisando qué quiere hacer el operador, como lo quiere hacer, donde lo quiere hacer y cómo lo está haciendo.
- En la medida que sea transparente la actuación de la CNH y que actúe en las fases previas, o sea en las de definición de la política y después en el seguimiento de la implementación de dicha política, en esa medida podrá dotar de un elemento fundamental de autonomía de gestión para la empresa y definir su estrategia de desarrollo, desde el punto de vista de asignación de recursos para exploración, para desarrollo de yacimientos y desde el punto de vista de política de explotación de los propios yacimientos en todas sus fases.
- También sería recomendable que se den a conocer los procesos de toma de decisiones, para que se deje en evidencia cuál es el grado de autonomía real que tiene PEMEX y de cuál es el rol que tiene el Gobierno Federal en todo este proceso.

- Se recomienda iniciar con un proceso muy amplio de información de la situación de PEMEX y de PEP, de las oportunidades perdidas, de sus crecientes rezagos respecto a las necesidades del país y respecto a lo que otras empresas petroleras internacionales han logrado.
- Se recomienda iniciar un proceso de definición de opciones para los cambios en PEMEX de fondo, incluyendo una reforma constitucional y a partir de eso que las plataformas políticas puedan tomarlo como banderas.
- Se sugiere iniciar con una campaña enfocada a la ciudadanía mexicana para qué cobre conciencia del costo de oportunidad de postergar decisiones transcendentales en PEP y en PEMEX y de exigencia al gobierno federal y a los cuadros de las dirigencias políticas un cambio en el status quo, teniendo en cuenta los mitos entorno a PEMEX y sus implicaciones.

  Grado de complejidad relativa medio.-
- Otra recomendación es que el gobierno federal debe absorber la deuda excesiva de PEMEX porque esa es una de las razones para que se encuentre en la situación actual, es decir debido a la sobre-fiscalización a la que está sometida y así también a la paraestatal se le debería permitir darle un valor en el balance a los activos petroleros que maneja hoy en día (habida cuenta de que pague las regalías por extracción conforme a normas internacionales).
- Otra propuesta es que se debería de incorporar la posibilidad que parte del capital de PEMEX pudiera ser colocado con el público inversionista, lo cual de nuevo, la mayor contribución que esto tendría es involucrar al público inversionista como defensor social de los intereses de PEMEX como empresa, antes que nada frente a los intereses de la SHCP, frente a las arbitrariedades de la autoridades gubernamentales, frente a exigencias no justificadas del STPRM, frente los abusos de los contratistas y de ciertos proveedores de PEMEX.
- Se propone sacar financieramente a PEMEX del presupuesto incluyendo a PEP y de esa manera liberarlo de todas las restricciones que tiene el día de

hoy. La gran mayoría de las empresas petroleras del mundo no están dentro del presupuesto, es decir que los ingresos de la empresa petrolera no se suman a los ingresos fiscales y demás, para determinar los ingresos totales de la administración pública federal y que los gastos correspondientes no se suman a los gastos de las escuelas, de los hospitales o de las Secretarías de Estado para determinar los gastos totales; el vínculo se da exclusivamente porque resultado neto de la empresa se constituye en un ingreso del gobierno federal. De esa manera el nivel del gasto y de inversión de una empresa como PEMEX puede aumentar en la medida en que aumenten sus ingresos y entonces eso le permite tener programas mucho más ambiciosos de exploración, de producción y en otras actividades de refinación, etc., de otra forma, PEMEX se convierte completamente dependiente de decisiones burocráticas y de definiciones que son aplicables en una Secretaría de Estado, pero no deberían ser aplicables a una empresa productiva como PEMEX o la CFE.

- Se propone que la Secretaría de Energía establezca una visión eficaz de una política energética, porque mientras la política energética consista básicamente en exigirle a PEP que produzca una cantidad de petróleo que se necesita porque ese es el número para que cuadren las finanzas públicas, se parte del punto equivocado.

Grado de complejidad relativamente alto.-

- Otra propuesta en relación al tema fiscal sería el establecimiento de un compromiso por parte del gobierno federal y del corpus político nacional de apoyar a la gerencia de PEMEX, al establecer una reforma hacendaria integral que independice y le de autonomía a la hacienda pública de los ingresos petroleros, digamos a toda la estructura de PEMEX darle seguridad e incentivos adecuados de crecimiento y desarrollo profesional y al Sindicato darle una seguridad de participación de los beneficios de este proceso. En suma, Pemex debe pagar los mismos impuestos que cualquier otra empresa grande, más las regalías por extracción de reservas y en todo caso la entrega de dividendos que corresponda conforme a los planes de mediano y largo plazo.

- Tiene que completarse en conjunto la reforma de la industria petrolera, por un lado y en paralelo ponerse en marcha una estrategia de reforma tributaria nacional, que permita el desenganche, de tal manera que se puedan sustituir los recursos que en el corto plazo el fisco dejaría de recibir de parte de la industria petrolera.
- PEMEX y PEP deberían de tener una completa la libertad de asociación, es decir la posibilidad que PEMEX en general se asocie con quien desee, cuando quiera, en los porcentajes que quiera y conforme a los intereses básicos de la empresa, que permitan a PEMEX adquirir de una manera rápida, la tecnología y la capacitación que se requiere para poder producir por ejemplo en aguas profundas, pero sin una reforma constitucional la posibilidad de asociación no llegará muy lejos.

El grado relativo de complejidad bajo tiene que ver con cambios que puede realizar el Ejecutivo o el mismo PEMEX, el grado relativo de complejidad medio está relacionado a cambios en manos del Ejecutivo pero que afectan las finanzas públicas y le resta poder a su administración y el grado relativo alto implican cambios en las leyes y principalmente en la CPEUM, por lo cual necesita el apoyo de las fracciones parlamentarias y de un gran número de grupos de interés.

Para finalizar este apartado se establece que una gran mayoría dentro de PEMEX entiende que es importante fortalecer a este organismo y para ello tiene que existir una convicción política al más alto nivel; es decir que los cuadros de las fracciones parlamentarias de este país tengan un entendimiento cabal de lo que está en juego de no reformar a PEMEX, no solo para su administración, si no para futuras generaciones, esto debido a que no son los que más se van a beneficiar, de hecho serán lo que tienen que sacrificarse al llevar a cabo una reforma fiscal y darle una mayor y mejor autonomía de gestión a PEMEX y donde la SHCP que va a tener que encontrar como sustituir los ingresos de PEMEX con ingresos de otra naturaleza.

Además a la SENER debería de definírsele un rol más claro y no contradictorio como lo es ahora, que es un rol por un lado de formuladora de política, por otro lado es la reguladora y por otro lado ejerce la Presidencia del Consejo de Administración de PEMEX y teniendo la Presidencia del Consejo debería de vigilar por los intereses de la empresa, pero no es así debido a los conflictos de intereses que tiene hoy en día.

Una forma de superar las barreras de índole política sería mediante una consulta pública (tipo referéndum), que se pronunciara acerca de los objetivos a alcanzar, seguida de un informe neutral sobre la forma de implementación a cargo de un comité experto pequeño y de alto prestigio nacional e internacional.

Asimismo se sugiere que estas políticas públicas deberán ir acompañadas de elementos como:

- La disminución de la regulación de trámites y autorizaciones interdependencias (reducir el CAE).
- La implementación de incentivos negativos para aquellos actores que busquen obtener beneficios ilícitamente.
- El replanteamiento de la forma en que se elige al Consejo de Administración de PEMEX Corporativo y de PEP.
- La flexibilización del contrato colectivo de trabajo acorde a la realidad financiera de PEP.
- El replanteamiento del papel de la Secretaría de Energía en el sector de hidrocarburos mexicano.
- La autorización a PEMEX para realizar alianzas estratégicas con empresas internacionales
- Una desincorporación de PEMEX del presupuesto del gobierno federal
- Un marco fiscal más adecuado a estándares internacionales que le permitan a PEP una mejor restitución de reservas y fondos adecuados para inversión y mantenimiento.

- La modificación de la política petrolera para que no esté basada prioritariamente en obtener el mayor flujo de efectivo.

La mitad de estos últimos elementos no implican cambios de tipo legislativo, lo importante es que exista la voluntad del corpus político para apoyar a la gerencia de PEMEX y de PEP a llevarlos a cabo.

V.2.- Propuestas de lineamientos que resultaron de la revisión bibliográfica

De la revisión de diversos documentos como libros, ensayos, artículos y páginas electrónicas relacionadas al tema de esta investigación, se encontró evidencia que el contar con autonomía de gestión le permitiría a PEP ser una empresa más competitiva, a través de:

Otorgar autonomía administrativa y presupuestal.

Fortalecer la capacidad de decisión a su Consejo de Administración.

Para lograr la autonomía para PEMEX y PEP al nivel de otras empresas petroleras paraestatales internacionales y con ello disminuir las brechas de eficiencia administrativa, se podrían hacer las siguientes modificaciones (las cuales no se contraponen con la Reforma Energética de 2008):

a) Con fundamento en los artículos 48, 49 y 59 de la Ley Orgánica de la Administración Pública Federal, el Ejecutivo Federal instruye a sus dependencias los principios a que deberán sujetarse en el ejercicio de sus facultades en materia de programación, presupuesto, operación, evaluación de resultados y participación en los órganos de gobierno de PEMEX y sus organismos subsidiarios (PEP).
b) Asimismo en materia presupuestal se propone la instrucción a la SCHP con base en el artículo 17 de la Ley de Presupuesto, Contabilidad y Gasto Público Federal, para que ésta respete las propuestas de programas y anteproyectos de presupuesto de PEP y que le presente el órgano de gobierno de PEMEX.
c) Además con base en el artículo 26 de la Ley de Presupuesto, Contabilidad y Gasto Público Federal, el Ejecutivo Federal podría instruir a la SHCP para que la administración de fondos autorizados en el Presupuesto de Egresos de la

Federación se realice expeditamente conforme a los requerimientos de PEP y PEMEX.

Del Comité de Precios y Tarifas

d) Con fundamento en el artículo 31, fracción X de la Ley Orgánica de la Administración Pública Federal, el Ejecutivo Federal instruye a la SHCP para "Establecer y revisar los precios y tarifas de los bienes y servicios de la administración pública federal, o bien, las bases para fijarlos, escuchando a la Secretaría de Economía y con la participación de las dependencias que correspondan;".
e) Por ello con base al artículo 58 de la Ley Federal de Entidades Paraestatales se debería solicitar al Ejecutivo Federal para que mediante acuerdo presidencial defina los bienes y servicios cuyos precios fijará la SHCP, en el entendido que los bienes y servicios de PEMEX no serán incluidos en dicho acuerdo y por lo tanto, su fijación corresponderá a la Comisión Nacional de Hidrocarburos, a la Comisión Reguladora de Energía y a los órganos de gobierno de PEMEX y sus organismos subsidiarios.
f) Con fundamento en los artículos 48, 49 y 50 de la Ley Orgánica de la Administración Pública Federal, el Ejecutivo Federal instruye a sus dependencias los principios a que deberán sujetarse en el ejercicio de sus facultades en materia de programación, presupuesto, operación, evaluación de resultados y participación en los órganos de gobierno de PEMEX y sus organismos subsidiarios, por lo que se propone sustituir la evaluación de desempeño con base en resultados y con apoyo en auditorias aleatorias.
g) En este sentido, la evaluación de desempeño basado en resultados de acuerdo al artículo 110 de la Ley Federal de Presupuesto y Responsabilidad Hacendaria, establece que "la evaluación del desempeño se realizará a través de la verificación del grado de cumplimiento de objetivos y metas, con base en

indicadores estratégicos y de gestión que permitan conocer los resultados de la aplicación de los recursos públicos federales".

A continuación se presentan en forma esquemática los componentes de la evaluación de desempeño basado en resultados para PEMEX y PEP:

1.- Planeación

Alineación con el Plan Nacional de Desarrollo y sus programas

Objetivos estratégicos del organismo subsidiario.

2.- Programación

Elaboración y autorización de estructuras programáticas.

Definición de programas presupuestarios.

Generación de indicadores estratégicos y de gestión.

3.- Presupuesto

Asignación presupuestaria con base en resultados.

4.- Ejercicio y control

Mejora en la gestión y calidad del gasto público.

5.- Seguimiento

Informes de resultados

Monitoreo de indicadores

6.- Evaluación

Compromisos para resultados y de mejoramiento de la gestión

7.- Rendición de cuentas

Cuenta pública de resultados

V.3.- Propuestas de líneas estratégicas a desarrollar a nivel de PEMEX Exploración y Producción y PEMEX Corporativo

A continuación se presentan algunas propuestas específicas a nivel PEP y a nivel PEMEX Corporativo (previo a una evaluación seria sobre la conveniencia de que PEP continúe siendo subsidiaria dado que constituye el "corazón" de PEMEX).

Propuestas de estrategias a nivel PEP.-

a) Intensificar de manera racional y sustentable la actividad exploratoria

b) Optimizar el desarrollo de campos petroleros

Propuestas de acciones estratégicas a nivel PEP.-

a) Desarrollar una política exploratoria de gas no asociado independiente de la política de petróleo crudo y en campos con alta relación gas-aceite.

b) Definir la estrategia de financiamiento permanente a la exploración.

c) Incorporar al balance de PEMEX el valor que representan las asignaciones de hidrocarburos que hace el Gobierno Federal, a través de la Secretaría de Energía a favor de PEMEX. La referencia para valorar las asignaciones serían las reservas probadas, de acuerdo a las prácticas internacionales.

Con base a lo anterior se podría registrar una obligación de PEMEX a favor del Gobierno Federal, por una sola vez, equivalente al monto del sacrificio fiscal de al menos 5 años y se podría financiar el ajuste de ingresos fiscales del Gobierno Federal mediante emisión de deuda interna y a su vez, permitiría corregir el balance y la estructura financiera de PEMEX y se establecerían los mecanismos para financiar el pasivo laboral (mediante la emisión de una deuda a largo plazo, 30 años), con lo anterior se atenuaría significativamente el impacto sobre las finanzas del Gobierno Federal, sujeto a un ajuste de personal.

d) Estructurar un programa de alianzas en servicios.

A través de nuevas formas de asociación y contratación de servicios para la ejecución de obra, lo que permitiría una mayor participación de recursos privados en el financiamiento de inversiones, así como la aplicación de tecnología y prácticas operativas eficientes. Lo anterior cumpliendo con las características que se han mantenido después de la Reforma Energética de 2008, en la que no existe participación en los beneficios de la producción, la asignación de proyectos que maximicen el valor del proyecto y no necesariamente minimicen costos y que los incentivos estén vinculados a una mayor producción.

e) Caracterizar el esquema de desarrollo tecnológico para la exploración y desarrollo de Chicontepec, de acuerdo a las recomendaciones de la CNH y expertos internacionales reconocidos.
f) Fortalecer los procesos de gestión de las inversiones ante la SHCP.

Propuestas de estrategias a nivel PEMEX Corporativo.-

a) Reducir la vulnerabilidad operativa a través de modificaciones en la Ley de Derechos.
b) Internacionalización: La tendencia internacional es formar alianzas estratégicas y hacer fusiones para generar condiciones de mayor eficiencia dentro de la compañía, una mayor participación de mercado y peso específico para involucrarse en grandes proyectos, así como la posibilidad de una mayor apertura del mercado nacional, sitúa a PEMEX en un entorno de mayor competencia, por lo que PEMEX debe evaluar oportunidades externas que le permitan enfrentar estos retos.

Propuestas de acciones estratégicas a nivel PEMEX Corporativo.-

I.-Alinear organización del Corporativo hacia 3 grandes áreas, las cuales se ilustran en la siguiente figura:

Propuesta de alineación de la organización de PEMEX Corporativo

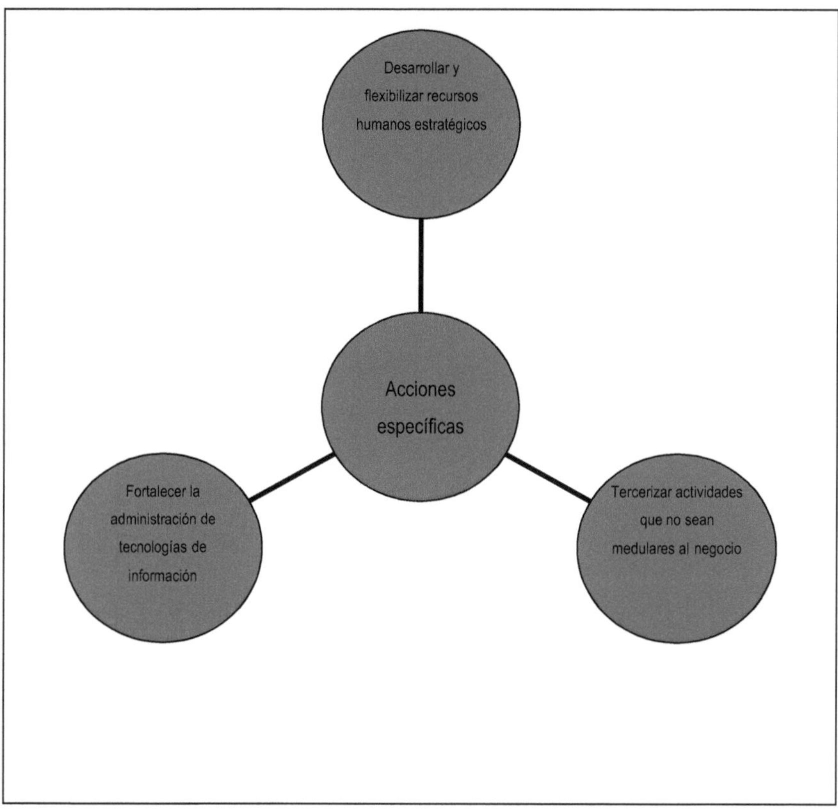

Figura 5.1, Fuente: Elaboración propia.

a) Desarrollar y flexibilizar recursos humanos estratégicos.-

Para ello es necesario contar con procesos para impulsar la productividad laboral mediante capacitación e incentivos y ajuste de personal excedente.

Flexibilización de Recursos Humanos Estratégicos

Desarrollo del recurso gerencial	Relaciones laborales	Flexibilización del recurso operativo
Reclutamiento agresivo e identificación de personal con potencial para PEMEX. Evaluación de desempeño atada a planes de carrera. Rotación programada por diferentes áreas.	Fortalecimiento de objetivos compartidos entre empleados y empresa. Fortalecimiento de la cultura organizacional deseada. Definición de propuestas de valor hacia empleados: derechos, obligaciones y expectativas.	Capacitación del personal para incrementar su capacidad. Creación del Instituto de Capacitación y Productividad. Movimiento de personal hacia áreas con necesidades estratégicas. Identificación temprana de capacidades requeridas globalmente.

Figura 5.2, Fuente: Elaboración propia.

El Corporativo se concentraría en estrategias y PEP en su aplicación y los procesos transaccionales que puedan tercerizarse.

La tendencia internacional a formar alianzas estratégicas y hacer fusiones o joint ventures para crear empresas con mayor eficiencia y participación de mercado, para involucrarse en grandes proyectos, así como la posibilidad de una mayor apertura del mercado nacional de productos, sitúa a PEMEX en un entorno de mayor competencia. Por ello, PEMEX y PEP, debería evaluar las oportunidades externas que les permitan enfrentar estos nuevos retos.

En cuanto a la transparencia y la rendición de cuentas es necesario controlar los costos de operación mediante sistemas estrictos de rendición de cuentas, totalmente transparentes.

Propuestas de acciones para reducir costos de operación en PEMEX y PEP

PEMEX Corporativo	PEP	Áreas operativas
Incorporación de programa de eficiencia en costos	Identificación de áreas de oportunidad	Integración del programa de eficiencia y reducción de costos
Sistema de métrica del desempeño con metas en costos	Ejecución del programa de eficiencia y reducción de costos	Identificación de variaciones en costos y desagregación detallada de indicadores
Integración de las subsidiarias al programa de eficiencia y reducción de costos	Elaboración de presupuesto enfocado a metas de costos	

Figura 5.3, Fuente: Elaboración propia

Algunas otras propuestas de lineamientos alineados a la estrategia de PEMEX:

Institucionalización de mecanismos de "benchmarking" para las diferentes actividades operativas, administrativas, exploratorias y de explotación y realizar programas estructurados de mejoramiento del desempeño operativo.

Incorporación de un área dentro de PEMEX Corporativo, dedicada a diseñar un sistema de indicadores acorde a las mejores prácticas internacionales, alineados a la estrategia corporativa, pocos y sencillos.

V.4.- Propuestas de lineamientos de política pública basadas en las experiencias de otras petroleras extranjeras paraestatales

Adicionalmente al caso que se estudio en el capítulo III de la empresa Petróleos Brasileiro S.A. (PETROBRAS), se puede tomar el ejemplo de otras empresas petroleras paraestatales alrededor del mundo, para entender su contexto podemos mencionar que de acuerdo al Banco Mundial (2008), 17 de las principales 25 empresas poseedoras de reservas de petróleo y gas son paraestatales y aproximadamente el 60% de las reservas por descubrir se estima que se encuentran en países donde las empresas petroleras paraestatales tienen acceso privilegiado a las reservas.

En este sentido (Idem) se dio a la tarea de elaborar un estudio con el objetivo de mejorar el entendimiento de las empresas petroleras paraestatales (National Oil Companies, NOCs por sus siglas en inglés) y su papel dentro de la trayectoria de desarrollo de cada país. Lo cual lleva a recomendaciones de política en un sector que tiene grandes impactos políticos, sociales y de desarrollo y además busca identificar la organización de las NOCs en su búsqueda por la eficiencia, mejoras en la gobernanza, un mayor control y otros objetivos políticos y económicos, con resultados algunas veces mixtos.

Uno de los resultados interesantes de dicho documento es que las NOCs que tienen un porcentaje de propiedad privada también coinciden con las de mejores resultados económicos y del total de las NOCs analizadas (29 petroleras paraestatales), 14 poseen algún porcentaje de propiedad privada y donde dicha participación privada varía del 12 al 50%.

Este hallazgo es importante porque las empresas con una proporción de inversión privada mayor tienen acuerdos de gobernanza corporativa más fuertes que las que tienen 100% de inversión pública. Lo anterior debido a que la gobernanza corporativa captura la estructura de la organización de una NOC, como la toma de las decisiones, la autonomía y autoridad presupuestaria, las fuentes de capital, la transparencia y la capacidad del recurso humano.

Así también el tener una alta relación entre activos por empleado da una idea de que la empresa alcanzará mayores niveles de productividad y de rendimientos, en este rubro PEMEX alcanza niveles de alrededor de 800 millones de dólares de activos por empleado, pero empresas como la China CNOOC rebasan los 5,500 millones de dólares, o StatoilHydro con 2,700 millones de dólares y dónde estás últimas poseen un grado de participación privada.

Las tasas efectivas de impuestos para las NOCs es un indicador importante dado que para algunas de ellas dichas tasas exceden a las ganancias antes de impuestos, como es el caso de PEMEX, GAZPROM (Rusia), ROSNEFT (Rusia), PETROSA (Sudáfrica), etc. Estos regímenes fiscales parecen ser guiados por consideraciones macro fiscales de corto plazo en lugar de un desarrollo sustentable y durable de los recursos naturales del país y como muestra PEMEX en años pasados ha tenido que pedir financiamiento para cumplir con sus obligaciones fiscales.

Ejemplos prominentes de estos problemas es PEMEX, el cual esta descapitalizado crónicamente para reinvertir, ó la China SINOPEC la cual reporta pérdidas sustanciales como resultado de las políticas de precios de los productos petroleros en China.

Para aquellas NOCs que están listadas en las bolsas de valores, el impacto de estar en listados de activos públicos es sustancial, esto es aun cierto para aquellas que solo están listadas en los mercados domésticos. Las NOCs adoptan las mejores prácticas para reportar y dar acceso al público a la información de la empresa. Algunos ejemplos son PETROBRAS (Brasil), StatoilHydro (Noruega), las 3 NOCs chinas (PETROCHINA, CNOOC y SINOPEC), PETRONAS de Malasya y la Tailandesa PTT.

Aunque no es una garantía de un buen desempeño, reportes detallados y cuestiones de transparencia impactan positivamente en el desempeño de las NOCS, dado que se puede tener un mejor entendimiento de la situación de la empresa y tomar una acción correctiva rápidamente para mejorar la operación y la administración.

Un resultado relevante de dicho estudio es que aunque PEMEX no es de las paraestatales con algún grado de participación privada, es de las tiene mayor apertura en la información que tiene disponible al público, sin embargo no se menciona el tema de la calidad, oportunidad y la utilidad de dicha información.

De acuerdo a dicho reporte se encuentra que hay una correlación entre la apertura del sector petrolero con la gobernanza corporativa de la empresa petrolera paraestatal, dado que una mayor competencia demanda un mejor desempeño de la paraestatal.

Entre algunos de los hallazgos del documento (Idem), se encuentran que la gobernanza corporativa de la NOC y del sector público son valores importantes, sin considerar la dependencia del país en el petróleo, o que tan grande es la dotación de hidrocarburos posea.

Otra recomendación del Banco Mundial es que aquellas NOCs que proveen reportes suficientes y auditados del estado que guarda la paraestatal, poseen un mayor desarrollo comercial y organizacional y operan en varios países, tal es el caso de GDF (Francia) y StatoilHydro (Noruega).

A continuación en el tema del gobierno corporativo las tres recomendaciones principales y señaladas por parte del Consejero Profesional Rogelio Gasca de PEMEX Corporativo, en su comparecencia en la Cámara de Diputados (Gasca 2010), que son:

a) Es indispensable definir y separar la función del Estado (Gobierno Federal): como propietario del recurso, como regulador de PEMEX y como operador.
b) PEMEX es un organismo descentralizado con fines productivos integrado al presupuesto federal, es decir, es una extensión del gobierno federal, sobre regulado y que depende de sus reguladores, los cuales la mayoría de ellos, forman parte de su Consejo de Administración.
c) El Estado debería fijar los objetivos de la empresa, pero no intervenir en las decisiones de operación, esto tiene que ver con la micro-administración, la cual continúa aún con la Reforma Energética de 2008, dado que el gobierno federal tiene una mayoría en el Consejo de Administración de PEMEX, mediante la cual tiene incidencia directa en las decisiones estratégicas a nivel corporativo y organismos subsidiarios.

Ahora bien, de acuerdo a las recomendaciones de mejores prácticas corporativas de la OCDE (2010), las cuales "son experiencias de los gobiernos miembros de la Organización con sus propias empresas estatales, en relación a las medidas que PEMEX debería considerar tomar para mejorar la conducción de la empresa", se encuentran por ejemplo:

a) El Consejo de Administración de PEMEX debería tener la facultad para designar y remover de su cargo al Director General y no el Presidente de la República, como funciona hoy en día.
b) Otra recomendación es que el Ejecutivo considerase plantear lo que espera de PEMEX mediante una carta dirigida al Consejo de Administración, lo que sucede en la mayoría de las empresas privadas; es decir plantear lo que el accionista espera del Consejo y dejarlo que opere; esto ayudaría a aislar políticamente al Consejo de las presiones de otras Secretarías de Estado.

c) Así también, como propone Gasca (2010), "en las sesiones del Consejo de Administración de PEMEX, deberían participar exclusivamente los Consejeros y el Director General, no asesores, ni ejecutivos de la empresa y evitar en lo posible, la participación de suplentes".
d) Algo que pareciera no tan importante en la actual legislación, pero que en la práctica si lo es, tiene que ver con la disposición que los Consejeros Profesionales no deberían ser de tiempo completo, dado que al tener ese esquema, se vuelven "empleados" de PEMEX, lo que limita su libertad y causa conflicto de intereses para tomar las mejores decisiones para dicho organismo.
e) Es indispensable replantear el proceso y criterios para elegir a los Consejeros Profesionales, con el objetivo de contar con los elementos de experiencia comprobada y totalmente desvinculados de algún partido político (no necesariamente deben ser funcionarios públicos al momento de ser elegidos, pudieran ser jubilados, ó provenir del sector privado ó académico).
f) Así también, se debe de generar una métrica de evaluación anual o bianual del desempeño basado en resultados de los Consejeros Profesionales y de los designados por el Estado.
g) En cuanto a las subsidiarias y en el caso que nos ocupa es PEP, debe establecerse claramente que la estrategia se establecerá por medio del Consejo Corporativo, así como la supervisión de su implementación.
h) Continuando con las recomendaciones de la OCDE (2011), se encuentra que "deben instituirse programas de capacitación adecuados para facilitar la introducción de los nuevos Consejeros y ofrecerse capacitación continua a los Consejeros en la forma de conocimiento teórico y práctico para aumentar su eficiencia. La capacitación práctica debe incluir visitas a los lugares dentro de PEMEX, reuniones con personal profesional y ejecutivos de nivel medio".
i) Una recomendación importante por parte de dicho organismo es que "la administración de las reservas de hidrocarburos y su desempeño en materia ambiental deben encomendarse a órganos autónomos sin vínculos con partes del

gobierno involucradas con la agencia propietaria", donde la primera parte ya se avanzó con la creación de la Comisión Nacional de Hidrocarburos (CNH); sin embargo, hoy por hoy, como lo establece el artículo 1 de la Ley de la CNH, es un órgano desconcentrado de la Secretaría de Energía, la cual dirige la política energética del país y además dirige el Consejo de Administración de PEMEX, por lo que presenta un conflicto de intereses.

Finalmente, al haber generado estas propuestas como una solución alternativa al actual modelo de política pública que se tiene con la exploración y explotación de petróleo crudo en México, se dejan los principales elementos para en un futuro elaborar una iniciativa de Ley para PEMEX y para PEP, las cuales les permitan llegar a ser más eficientes y rentables.

V.5.-Futuras líneas de investigación

1.- Como menciona la OCDE (2011) la publicación de la Ley de PEMEX es un avance hacia el establecimiento de un gobierno corporativo de la paraestatal, pero sin duda "aún contiene elementos de la administración de instituciones públicas que le impiden alcanzar una mayor eficiencia y beneficios operativos propios de una estructura plenamente corporativa", por lo que sería interesante investigar qué se necesita modificar para mejorar este punto del gobierno corporativo de PEMEX.

2.- Una línea de investigación pendiente sería realizar un análisis de cómo se podría definir la política pública en torno al gas natural, dado que en la Estrategia Nacional de Energía publicada por la SENER, no se contempla ninguna estrategia diferenciada para el gas natural como combustible de transición ante los retos del cambio climático, lo cual ha sido un tema que se ha dejado pasar dada la coyuntura de darle prioridad por parte de PEP, a la exploración y explotación de petróleo crudo, debido a su alto margen de utilidad.

3.- Otra posible línea de investigación sería profundizar en el diseño de un proceso de negociación que equipare los campos, porque el Sindicato es una institución permanente y el director de PEMEX es una institución que en el mejor de los casos tiene una permanencia de 6 años, el STPRM tiene un gran poder político dado puede hablar con el Presidente de la República y el Director de PEMEX nunca tendrá el poder del Sindicato, además es un monopolio que no puede detenerse, eso hace que el peso del Director sea muy bajo en relación a la fuerza del sindicato, es una negociación dispareja.

4.- También sería interesante investigar qué elementos de la administración de las instituciones públicas le impiden a PEP alcanzar una mayor eficiencia y beneficios operativos propios de una estructura plenamente corporativa?

5.- Una investigación útil sería establecer escenarios de PEP con y sin autonomía para los próximos 10 y 20 años y cuantificar el impacto de dicha autonomía sobre los resultados de PEP.

6.- Una línea de investigación que podría ser de interés es aquella que tiene que ver con el uso de los recursos que produce PEMEX, es decir tratar de explicar por qué PEP no ha generado más riqueza en el país, o en que se ha utilizado la riqueza que ha generado.

7.- Otra línea de investigación interesante puede ser aquella relacionada con la estimación del Costo Administrativo Externo que enfrenta PEMEX y PEP en especial y que le genera costos de transacción no solo a la empresa, sino también a todos aquellos relacionados a ella como proveedores y/o contratistas.

V.6.- CONCLUSIONES

Esta investigación se enmarca dentro del proceso de la formulación y diseño de la política pública, lo cual fue revisado dentro del primer capítulo y en donde se estableció el problema público a analizar que tiene que ver con las políticas de exploración y explotación de petróleo crudo en México, las cuales de acuerdo al diagnóstico realizado tienen una visión de corto plazo y están sesgadas a la generación de flujo de efectivo para el gobierno federal.

En este trabajo se realizó un análisis teórico de diferentes autores que han estudiado el comportamiento de los agentes que inciden en las políticas públicas y para este caso se utilizó el marco teórico del institucionalismo y la racionalidad económica, llegando a la conclusión que es necesario construir una estructura que logre alinear los incentivos de la burocracia y las legislaturas con los de los ciudadanos y la Nación, mediante el otorgamiento de autonomía a PEP sujeta a una mayor transparencia y la rendición de cuentas y reduciendo los costos de transacción, entre otros elementos, para con ello generar políticas petroleras sustentables y consistentes en el largo plazo.

En el tercer capítulo se estableció la importancia de la industria petrolera en México, asimismo en dicho capítulo se realizó un análisis del marco jurídico y otro en base a información estadística se planteó como un asunto de gran importancia financiera, histórica, económica e incluso simbólica para México.

Además también se identificaron las principales áreas de oportunidad que presenta PEMEX Exploración y Producción y se justificó por qué es un problema público. Además se estableció que dichos retos no se han atendido adecuadamente debido al marco jurídico y normativo que se tiene al día de hoy.

Entre las grandes áreas de oportunidad se pueden identificar a las tres principales y que de acuerdo a la bibliografía y a las entrevistas realizadas, el tema de mayor impacto es el del esquema fiscal que enfrenta PEMEX, el segundo es el Costo Administrativo Externo y el tercero son las rigideces inter-construidas en el contrato colectivo de trabajo.

Del análisis obtenido tanto de los agentes como del teórico se buscó comprobar la hipótesis que tiene que ver con los conceptos de autonomía de gestión, transparencia y rendición de cuentas y utilizando el método cualitativo en base a entrevistas con expertos en el sector petrolero en México se logró obtener información valiosa y que a juicio de dichos expertos la comprobación de dichas hipótesis generan una solución, aunque parcial, que traería beneficios para PEP en términos de una mayor eficiencia y competitividad.

Aprovechando la información recibida de los expertos y de la revisión de experiencias internacionales se generó una lista de lineamientos de política pública para PEP, los cuales podrían ser utilizados para elaborar una iniciativa de Ley, como una propuesta alternativa al actual modelo de política pública que se tiene con la exploración y explotación de petróleo crudo en México

En cuanto al caso de PETROBRAS como una reflexión final podemos mencionar que el marco regulatorio juega un papel muy importante en los resultados económicos que ha tenido hasta el momento.

Así también es de destacar la vocación y visión de largo plazo que tuvo PETROBRAS, es decir saben hacia donde van y apostaron al desarrollo tecnológico en aguas profundas, lo cual se ha traducido en una ventaja en conocimiento y capital humano y que hoy en día, les ha generado contar con personas capacitadas para los nuevos retos de exploración.

Tomando como ejemplo a PETROBRAS se puede establecer que no es necesario privatizar totalmente a Pemex, sino crear las condiciones para la entrada de nuevos actores que compitan en el sector mexicano de hidrocarburos (petróleo y gas), estableciendo un organismo fuerte y con facultades, que regule a dichas empresas con el objetivo de no dejar totalmente el sector a las fuerzas del libre mercado.

Asimismo es importante señalar la política pública seguida por PETROBRAS para producir y transformar el mayor volumen posible petróleo, dándole un valor agregado y con ello lograr exportarlo a un precio más alto en los mercados internacionales.

Otro objetivo a seguir para nuestro país sería dar un gran apoyo para lograr la autosuficiencia en la producción de los principales derivados que consumimos en México (y evitar la importación del 40% del total de la gasolina que se consume domésticamente), así como la expansión del parque de refinación (como ya mencionamos, sujeto a condiciones de rentabilidad y disponibilidad de reservas.

De acuerdo a las entrevistas realizadas, a los ejemplos de empresas petroleras paraestatales y a la bibliografía revisada, se pueden delinear algunas conclusiones básicas para este tema de investigación relacionada al objetivo general y objetivos específicos:

Principales hallazgos de esta investigación

A continuación se hace un recuento de las preguntas que se fueron haciendo a lo largo de esta investigación y que se podría concluir como respuestas después de la información presentada.

1.- ¿Cómo aislar a los tomadores de decisiones en el sector de exploración y explotación petrolera de las presiones de los grupos de interés y de otros actores?

De acuerdo a la información encontrada en esta investigación, en este punto es indispensable proporcionar autonomía técnica y financiera tanto al organismo regulador de la industria petrolera (CNH) como al operador (PEP), sujetos a una indispensable transparencia y rendición de cuentas y teniendo mucho cuidado el diseño de los criterios de selección de sus funcionarios. Otra propuesta para cumplir con este objetivo es que el Ejecutivo considere plantear lo que espera de PEMEX mediante una carta dirigida al Consejo de Administración, qué es lo que sucede en la mayoría de las empresas privadas; es decir definir lo que el accionista espera del Consejo y dejarlo que opere; esto ayudaría a aislar políticamente al Consejo de Administración de PEMEX de las presiones de otras Secretarías de Estado

2.- ¿Qué papel juegan las instituciones (legislativo, ejecutivo, y judicial), en el comportamiento de los grupos de interés y en los tomadores de decisiones?.

Conforme a la bibliografía revisada en el capítulo II se concluye que las instituciones juegan un papel muy importante dado que tienen la capacidad de estructurar la conducta de los diferentes actores, llámese grupos de interés (políticos y económicos) así como en los que toman las decisiones como la SENER y el mismo PEMEX, es decir determinan el desempeño de la actividad política a través de la internalización y pautas en la toma de decisiones dentro de la estructura institucional.

Esto es relevante debido a que se espera un comportamiento egoísta de los actores buscando maximizar el beneficio personal, pero esta conducta está sujeta a las reglas de las instituciones, de ahí el papel relevante de estas últimas para limitar la conducta individual, debido a que los individuos reconocen que pueden alcanzar su objetivos personales más fácilmente a través de la acción institucional.

3.- ¿Qué elementos inciden de manera directa o indirecta para que el Estado opte por continuar con la misma política pública en materia de exploración y explotación petrolera en México?

Resultado de las entrevistas y de la bibliografía revisada el elemento que más incide o que más pesa para mantener el status quo es el régimen tributario que se le aplica a dicho organismo y que sirve para balancear las finanzas de los tres niveles de gobierno en México, es decir la problemática fiscal la resuelven con PEMEX y hoy en día no se tienen los incentivos para cambiar esa situación. Otro elemento serán los grandes grupos empresariales en México (grupos de presión), los cuales tratarán de mantener el status quo debido a que de lo contrario perderían los privilegios especiales obtenidos a través del intercambio de favores con el gobierno en turno a lo largo del tiempo; asimismo buscarán estructurar la conducta de la burocracia. Otro elemento importante es el contrato colectivo de trabajo del STPRM el cual no se ha adecuado a las nuevas circunstancias de la industria petrolera internacional y que integra un número importante de beneficios para sus trabajadores, sobre todo para los que se jubilan.

4.- ¿Qué necesita México para generar políticas públicas que conviertan a PEP en un organismo descentralizado más eficiente y rentable?.

Para responder a esta pregunta se construyó la hipótesis de la presente investigación, la cual busca contestar a dicho cuestionamiento de la siguiente forma: Dotar de autonomía de gestión, así como de un marco normativo que genere en PEP una mayor transparencia y rendición de cuentas logrará que este organismo descentralizado tenga un mejor desempeño en la exploración y explotación de petróleo crudo, es decir que sea más eficiente y rentable, lo cual se comprueba a lo largo de esta investigación.

5.- ¿Qué factores afectan o inciden sobre los tomadores de decisiones que diseñan y formulan las políticas públicas en materia de exploración y explotación de petróleo en México?.

Como se ha visto a través de los años el Estado mexicano ha tenido una gran incidencia sobre PEMEX, ejemplo de ello es la capacidad del Ejecutivo para designar o remover al Director General y a la mayoría del Consejo de Administración, así también el marco jurídico que norma el comportamiento de los funcionarios que formulan las políticas petroleras en México.

Otro factor importante es el Control Administrativo Externo que impone costos de transacción al restar eficiencia y competitividad a las decisiones de los funcionarios de PEMEX.

También los grupos de presión como contratistas, cámaras empresariales, el sindicato, gobiernos extranjeros afectan o buscan afectar las decisiones de política pública en materia petrolera en nuestro país.

Los gobiernos subnacionales (gobernadores y alcaldes) también inciden en la operación de PEP al otorgar o detener permisos para derechos de vía, o para diferentes trabajos que realizan PEP o sus contratistas en las diferentes entidades federativas y municipios.

6.- ¿Cuáles son los mecanismos utilizados por los diferentes actores para influir en la operación petrolera y la interrelación entre ellos?.

Es necesario señalar que dado que existe un acuerdo directo entre el Presidente de la República y el Director de PEMEX, los demás mecanismos de control político y normativo pasan a segundo plano.

Recordemos que el Ejecutivo a través del marco jurídico tiene una gran influencia sobre la operatividad de PEMEX y de PEP, y que tiende a micro-administrar dichos organismos. Además tiene mayoría en el Consejo de Administración y que dada la normatividad actual, le define a PEMEX los precios de todos los productos que genera.

7.- ¿Cómo impacta el marco institucional y legal del sector petrolero en el comportamiento de los diferentes actores?.

Con la Ley de presupuesto de egresos de la Federación que se publica cada año, con ello se le permite a la SHCP que tenga las suficientes facultades para administrar el presupuesto y hace a toda la legislación nugatoria, con lo que tiene consideraciones de carácter general, lo que en la práctica da pie a un exceso de facultades supralegales por encima de la legislación existente, lo que abre la posibilidad a la SCHP de micro-administrar a PEMEX y PEP.

8.- ¿Qué mecanismos se pueden utilizar para maximizar las decisiones de los agentes que determinan las políticas públicas para la exploración y explotación de crudo?.

Es indispensable que para cualquier dependencia pública se cuente con un documento oficial que tanto interna como externamente se conozca, donde se defina claramente que espera el Estado de ella y esto aplica perfectamente para PEMEX y PEP, que hasta el día de hoy no se tiene dicho documento.

Es necesario otorgarle independencia a la Comisión Nacional de Hidrocarburos y que ésta defina la política de exploración y producción de petróleo crudo en México.

9.- ¿Cuáles serían algunos lineamientos de política pública que coadyuven a PEP a convertirse en una empresa más rentable y eficiente?.

En el capítulo V se hace una larga mención de tales propuestas de lineamientos que pudieran servir para elaborar una iniciativa de Ley para PEMEX y PEP.

Por lo anterior, del presente trabajo de investigación se concluye entre otras cosas que:

De acuerdo a las entrevistas, a la bibliografía revisada y a las experiencias internacionales de otras empresas petroleras paraestatales, se tiene evidencia para aceptar que es correcta la hipótesis establecida en capítulo I, es decir que "*Dotar de autonomía de gestión, así como de un marco normativo que genere en PEP una mayor transparencia y rendición de cuentas logrará que este organismo descentralizado tenga un mejor desempeño en la exploración y explotación de petróleo crudo, es decir que sea más eficiente y rentable*".

Además conforme a las experiencias de otras petroleras paraestatales, no hay razones contundentes para que PEMEX deje seguir siendo un organismo descentralizado con fines productivos; es decir que siga perteneciendo al Estado, sin embargo sería recomendable modificar su marco normativo, especialmente la parte fiscal para que no forme parte del presupuesto del gobierno federal, así como la mayoría de los mecanismos de control que tiene hoy en día (los Costos Administrativos Externos) y obviamente la contraparte tendría que ser una mayor transparencia para que de esa manera se reduzcan los fenómenos de corrupción, así como una rendición de cuentas de estándares internacionales.

Resultado de las entrevistas y de la bibliografía revisada el actor que más incide o que más pesa para mantener el status quo es la SHCP y esa es una razón fiscal, la problemática fiscal de SHCP la resuelve con PEMEX y hoy en día no tiene los incentivos para cambiar esa situación.

Aún y con la Reforma Energética y como se ha venido realizando desde la creación de PEMEX, el control y la conducción de PEMEX ha sido centralizada por el Estado, que por definición tiene una visión de corto plazo, el cual busca maximizar y optimizar la recaudación de ingresos provenientes del sector petrolero, para con ello financiar los presupuestos del gobierno federal.

El factor que más afecta la productividad es el tratamiento fiscal de PEMEX, es decir, es muy difícil para una empresa hacer un programa de inversión racional, para invertir lo suficiente en más reservas o en otros temas, cuando la SHCP le extrae alrededor de dos terceras partes de su ingreso bruto, entonces ante esa astringencia de recursos, no puede planear ni asignar suficientes recursos a los asuntos de largo plazo, sino que va resolviendo lo de corto plazo, razón por la cual se ha ido descuidando la exploración de petróleo crudo.

Un elemento importante en las áreas de oportunidad de PEP son las rigideces del contrato colectivo de trabajo firmado con el STPRM y que no se ha adecuado a las nuevas circunstancias de la industria petrolera internacional-

Por último, hay que remarcar que esta investigación buscó aportar tres cosas:

a) Una radiografía del marco institucional de los diferentes actores relacionados a las políticas de exploración y explotación petrolera en México y trata de explicar por qué actúan como lo hacen.
b) Una análisis de las áreas de oportunidad de PEP que le restan eficiencia y rentabilidad
c) Lineamientos de política pública para elevar la eficiencia y la rentabilidad de PEP, basados en la autonomía de gestión sujeta a la transparencia y la rendición de cuentas.

Definiciones según la Secretaría de Energía (2011)

Agencia Internacional de Energía (AIE). Fue establecida en noviembre de 1974 como una entidad autónoma dentro de la OCDE (OECD), para implementar un programa internacional de energía. Sus propósitos básicos son: monitorear la situación energética mundial y desarrollar estrategias para proveer energía durante tiempos de emergencia.

Barril: Unidad de volumen para petróleo e hidrocarburos derivados; equivale a 42 gal. (US) ó 158.987304 litros. Un metro cúbico equivale a 6.28981041 barriles.

Barril de petróleo crudo equivalente (bpce). Es el volumen de gas (u otros energéticos), expresado en barriles de petróleo crudo a 60oF y que equivalen a la misma cantidad de energía (equivalencia energética) obtenida del crudo. Este término es utilizado frecuentemente para comparar el gas natural en unidades de volumen de petróleo crudo para proveer una medida común para diferentes calidades energéticas de gas.

Barriles diarios (bd): En producción, el número de barriles de hidrocarburos producidos en un periodo de 24 horas. Normalmente es una cifra promedio de un periodo de tiempo más grande. Se calcula dividiendo el número de barriles durante el año entre 365 o 366 días, según sea el caso.

Energía primaria: Se entiende por energía primaria a las distintas formas de energía tal como se obtienen de la naturaleza ya sea, en forma directa como en el caso de la energía hidráulica o solar, la leña y otros combustibles vegetales; o después de un proceso de extracción como el petróleo, carbón mineral, geoenergía, etc.

Exploración petrolera: Conjunto de actividades de campo y de oficina cuyo objetivo principal es descubrir nuevos depósitos de hidrocarburos o extensiones de los existentes.

Flujo de efectivo: Estado financiero que presenta el balance de los ingresos y egresos efectuados por cada uno de los organismos y en forma consolidada. Los ingresos se encuentran representados por ventas internas, ventas interorganismos, exportaciones e ingresos varios y los egresos por gastos de operación e inversión, compras interorganismos, impuestos directos e indirectos, pago de intereses y rendimientos.

Gas no asociado: Gas natural que se encuentra en reservas que no contienen petróleo crudo.

Gas seco: Gas natural libre de hidrocarburos condensables (básicamente metano).

Gasto de inversión: Total de las asignaciones destinadas a la creación de bienes de capital y conservación de los ya existentes, a la adquisición de bienes inmuebles y valores por parte de la empresa, así como los recursos transferidos a las subsidiarias para los mismos fines.

Gasto de operación: Importe de las erogaciones que se efectúan para el desarrollo de las funciones administrativas y de producción, como son: gastos en mano de obra, adquisición de materiales, conservación, mantenimiento y servicios generales. Estas operaciones no incrementan los activos de la empresa.

IEPS (Impuesto especial sobre producción y servicios): Impuesto mediante el cual el Gobierno Federal grava el autoconsumo y la venta de gasolinas, diesel y gas natural de carburación que Pemex Refinación y Pemex Gas y Petroquímica Básica efectúan a expendedores autorizados, quienes a su vez venden directamente al consumidor final.

Impuesto Directo: Carga impuesta por el gobierno a las personas físicas y morales directamente sobre sus ingresos o utilidades respectivamente. El impuesto sobre la renta de las personas físicas y el impuesto sobre el beneficio de las sociedades son ejemplos de este impuesto y las principales fuentes de recursos de los gobiernos de los países.

Impuestos indirectos: Impuestos que gravan la venta y el consumo de bienes específicos. Los impuestos indirectos pueden ser, bien de cuantía fija, aumentando en una misma cantidad el precio de todos los bienes que gravan, o bien un porcentaje del precio inicial, por lo que aumentará más el precio de los bienes más caros, por ejemplo: IVA, IEPS y aprovechamiento sobre gas, gasolinas y otros.

PIDIREGAS: Término con el cual se le conoce al grupo de proyectos de infraestructura productiva de largo plazo.

Reservas: Es la porción factible de recuperar del volumen total de hidrocarburos existentes en las rocas del subsuelo.

Reservas posibles: Es la cantidad de hidrocarburos estimada a una fecha específica en trampas no perforadas, definidas por métodos geológicos y geofísicos, localizadas en áreas alejadas de las productoras, pero dentro de la misma provincia geológica productora, con posibilidades de obtener técnica y económicamente producción de hidrocarburos, al mismo nivel estratigráfico en donde existan reservas probadas.

Reservas probables: Es la cantidad de hidrocarburos estimada a una fecha específica, en trampas perforadas y no perforadas, definidas por métodos geológicos y geofísicos, localizadas en áreas adyacentes a yacimientos productores en donde se considera que existen probabilidades de obtener técnica y económicamente producción de hidrocarburos, al mismo nivel estratigráfico donde existan reservas probadas.

Reservas probadas: Es el volumen de hidrocarburos medido a condiciones atmosféricas, que se puede producir económicamente con los métodos y sistemas de explotación aplicables en el momento de la evaluación, tanto primarios como secundarios.

Yacimiento: Unidad del subsuelo constituida por roca permeable que contiene petróleo, gas y agua, las cuales conforman un solo sistema.

Anexo 1

Guía para la entrevista de investigación de políticas públicas en México

"La exploración y explotación petrolera en México, ¿con visión de Estado?"

Áreas Temáticas de interés	Preguntas
I.- Identificar a los actores más relevantes, su grado de incidencia y los beneficios que obtienen del esquema actual	¿Qué actores considera que inciden en mayor medida en la política de exploración y producción de PEMEX? ¿Qué actores considera que son los que más se benefician de mantener el status quo en la determinación de las políticas de exploración y producción petrolera en México y por qué, es decir, como se benefician? (actores: en referencia a individuos, en instituciones y en grupos de interés)
II.- Identificar cuáles son los retos que enfrenta PEP, ¿que lo frena?	¿Cuáles son los verdaderos objetivos que persigue actualmente la política de exploración y producción de petróleo en México, gestionados por PEP y que se evidencian de la práctica cotidiana? ¿Cuáles son los grados de libertad administrativos y de inversión reales que tiene PEMEX Exploración y Producción (PEP), a partir de las directrices y taxativas impuestas por la SHCP? ¿Considera al Sindicato de Trabajadores Petroleros de la República Mexicana como un factor clave de éxito para la empresa? a) Si b) No ¿Por qué?

	¿Para usted, qué factores o actores inhiben la competitividad y eficiencia de PEP? ¿Considera que los objetivos que se le asignan a PEP, son alcanzables o asequibles con el ambiente institucional y administrativo en el que tiene que operar? a) Sí b) No ¿Por qué?
III.- Ubicar a la transparencia, rendición de cuentas y autonomía de gestión en torno a PEP	¿Piensa que una mejor rendición de cuentas, transparencia y autonomía de gestión, ayudarán a qué PEP sea una empresa más competitiva y eficiente y por qué? ¿Qué características debería tener una mayor y mejor autonomía de gestión, financiera y técnica para PEP?
IV.- ¿Cuáles han sido los cambios de la Reforma Energética de 2008?	¿En su opinión, cuál será el mayor beneficio que obtendrá PEP, con la creación de la Comisión Nacional de Hidrocarburos? ¿Qué opinión tiene de la recién aprobada Ley de Petróleos Mexicanos?
V.- ¿Cuál será el futuro de PEP?	¿Visualiza a PEMEX en el corto o mediano plazo, como una sociedad con un porcentaje de capital privado (directo o indirecto), es decir, siguiendo los pasos de Brasil o Noruega? a) Sí b) No ¿Por qué? ¿Qué opina de tener una mayor competencia en el

	sector de exploración y explotación de petróleo en México?
VI.- ¿Cuáles serán los incentivos para lograr una mayor eficiencia en PEP y como los actores los obtendrán?	¿Qué actores considera que serían los más beneficiados de llevarse a cabo cambios importantes en la política de exploración y explotación petrolera, orientados a la elevación de la eficiencia y a la contribución de PEP al desarrollo nacional? ¿Qué incentivos se les podrían ofrecer a dichos actores, para que impulsen condiciones que activamente ayuden a que PEP sea una empresa más competitiva y eficiente?

BIBLIOGRAFÍA

Agencia Central de Inteligencia de los Estados Unidos de Norteamérica, https://www.cia.gov

Agencia Nacional de Petróleo de Brasil, http://www.anp.gov.br/

Agencia Internacional de Energía, http://www.iea.org

AGUILAR Villanueva Luis F., "*Marco para el análisis de las políticas públicas", Política pública y democracia en América Latina, del análisis a la implementación*, Editorial Miguel Ángel Porrúa, 2009.

AGUILAR Villanueva, Luis F., La Hechura de las políticas públicas, Grupo Editorial, Miguel Porrúa, 2003.

AKERLOF Arthur, "El Mercado de Cacharros: Incertidumbre en las calidades y el Mecanismo de Mercado", Quarterly Journal of Economics, 1970

ARROW Keneth, "A Difficulty in the Concept of Social Welfare", The Journal of Political Economy, Agosto,1950.

Auditoría Superior de la Federación, Estudios Especializados, 2011, http://www.asf.gob.mx/uploads/47_Estudios_especializados/InsInvJurcomp.pdf

BAKER Dean, Epstein Gerald, Pollin Robert, "*Globalization and progressive economic policy*", Cambridge University Press, 1998.

Banco Mundial, "A citizens guide to National Oil Companies", technical report, working draft, disponible en http://siteresources.worldbank.org/INTOGMC/Resources/NOC_Guide_A_Technical_Report.pdf , October, 2008.

BECKER, Gary, "A Theory of Competition Among Pressure Groups", Quarterly Journal of Economics, August, 1983

BERMÚDEZ, Antonio J., *Doce años al servicio de la industria petrolera mexicana*, México, COMAVAL, 1960, p. 274.

BERMÚDEZ, Antonio, *La política petrolera mexicana*, México, Joaquín Mortiz, 1976, pp. 70-71.

BERNARD, H. Russel, "Unstructured and Semistructures Interviewing", en Research Methods in Cultural Anthropology, Beverly Hills, Sage Publications Inc., 1988, pp. 203-224.

BERNARD, H. Russell, *Social research methods: qualitative and quantitative approaches.* California: Sage Publications Inc., 2000.

BOUDON, Raymon, "Los métodos cualitativos" en *Los métodos en sociología*, Madrid, Arredondo, 1962, pp. 96-135.

BUCHANAN James M; Tullock, Gordon., *The Calculus of Consent.* Detroit, Mich.: University of Michigan Press., 1962.

BURSTEIN, Paul y LINTON, April, "The Impact of Political Parties, Interest Groups, and Social Movement Organizations on Public Policy: Some Recent Evidence and Theoretical Concerns", Social Forces, 2002.

CABRERO Enrique, *Políticas Públicas Municipales: Una Agenda en Construcción,* Porrúa, México. 2003.

CASSEL, C, Symon, G., *Qualitative methods in organizational research*, Thousand Oaks: Sage 1994

COASE Ronald, "The problem of social cost", The Journal of Law and Economics, octubre 1960.

COLMEX, "*Fuentes para la historia del petróleo en México*", 2009. http://www.colmex.mx/ceh/petroleo/present.php

CONAPO, *Proyecciones de la Población de México, de las entidades federativas, de los municipios y de las localidades 2005-2050*, http://www.conapo.gob.mx

Constitución publicada en el Diario Oficial de la Federación el 5 de febrero de 1917 y disponible en http://www.camaradediputados.gob.mx

DE LA VEGA Navarro, Angel, *La evolución del componente petrolero en el desarrollo y la transición de México*, México, Programa Universitario de Energía, UNAM, 1999. Sobre la base de: Anuario Estadístico, PEMEX, 1996.

DERTHICK y QUIRK, "The Politics of Deregulation", Brookings Institution Press, 1985

DIXIT Avinash, *The Making of Economic Policy, A Transaction-Cost Politics Perspective*, MIT Press, 1998.

DOWNS Anthony, *An Economic Theory of Democracy*. New York: Harper, (1957).

DOWNS Anthony, *Inside Bureaucracy, A Rand Corporation Research Study*, Boston: Little, Brown, and Company, (1967).

DRAZEN Allan, *Political Economy in Macroeconomics*. Princeton University Press, 2000.

DUVERGER, Maurice, *Sociología política*, Barcelona, Ariel, 1968.

DYE, Thomas R., *Understanding Public Policy,* Prentice Hall, 1972.

ESCAMILLA González, Gloria. *Manual de metodología y técnicas bibliográficas.*-- México: Universidad Nacional Autónoma de México, Instituto de Investigaciones Bibliográficas, 1982. 161 p.

Evaluación Energética Mundial, 2000, pág.3, página electrónica del Programa de las Naciones Unidas para el Desarrollo, http://www.undp.org/

FAURE-GRIMAUD, Antoine y MARTIMORT, David, "*Regulatory Inertia*", Rand Journal of Economics, 2003.

FLICK, Uwe, Introducción a la investigación cualitativa, Coruña, Fundación Paideia Galiza ; Madrid : Ediciones Morata, 2007.

Fondo Monetario Internacional, World Economic Outlook Database, (abril de 2009), http://www.imf.org/

FONTANA, Andrea y FREY, James, "Intervierwing. The Art of Science", en Norman Denzin e Yvonna S. Lincoln (compiladores), Handbook of Qualitative Research, Thousand Oaks, Sage, 1994, pp. 99-149

GARCÍA, Francisco, Michelle Michot Foss y Alberto Elizalde B. "Una guía de la Industria Eléctrica en México", Instituto Tecnológico y de Estudios Superiores de Monterrey(ITESM) y el Instituto de Energía, Leyes y Empresas, 2004.

GARCÍA, Iñíguez Israel, "La fiscalización de los recursos de los partidos políticos", Revista Sufragio, Número 2 Diciembre de 2008-Mayo de 2009, Año 2009., disponible en http://www.juridicas.unam.mx/publica/librev/rev/sufragio/cont/2/ens/ens13.pdf

GASCA Neri, Rogelio, "Comparecencia del Consejero Profesional de Petróleos Mexicanos, Dr. Rogelio Gasca, en la Comisión de Energía de la Cámara de Diputados", San Lázaro, México, Octubre 2010.

GORMLEY, William T, "Regulatory Issue Networks in a Federal System" Polity 18, 1986

GRAMLICH, Edward, "A Guide to Benefit-Cost Analyisis", Prentice Hall, 1990.

GROSSMAN Gene, HELPMAN Elhanan, Special interest politics, MIT Press, Cambridge MA., (2001).

GUERRERO AMPARAN, Juan Pablo (1995) "La evaluación de las políticas públicas: enfoques teóricos y realidades en nueve países desarrollados", en Gestión y Política Pública, Vol. IV, Nº1, Primer Semestre, México.

HARDIN Garret, The Tragedy of Commons, Science, Vol. 162, Diciembre 1968.

HARDIN, Russell, "Collective Action", Johns Hopkins University Press, 1982.

http://www.eia.doe.gov/pub/oil_gas/petroleum/data_publications/company_level_imports/current/import.html

INEGI, Sistema de cuentas nacionales de México, tomado de la página http://www.inegi.gob.mx/

Instituto Brasileño de Geografía y Estadística, http://www.ibge.gov.br/home/

KVALE, Steinar, "Interviews : an introduction to qualitative research interviewing", Thousand Oaks, Calif.: Sage, c1996.

KISER, Larry L., and Ostrom ELINOR, The Three Worlds of Action: A Metatheoretical Synthesis of Institutional Approaches, In Strategies of Political Inquiry, ed. pp.179-222. Beverly Hills, CA: Sage, 1982.

KRUEGER, Anne O. "The Political Economy of the Rent-Seeking Society." American Economic Review 64 (1974): 291–303.

LAFFONT, Jean-Jacques, "The New Economics of Regulation Ten Years After", Econometrica, 1994.

Ley Orgánica de la Administración Pública Federal, disponible en la página electrónica de la cámara de diputados, http://www.diputados.gob.mx/LeyesBiblio/pdf/153.pdf

Ley de Presupuesto, Contabilidad y Gasto Público Federal, disponible en http://www.diputados.gob.mx/LeyesBiblio/pdf/LFPRH.pdf

Ley de la Comisión Nacional de Hidrocarburos, publicada en el Diario Oficial de la Federación el 28 de noviembre de 2008 y disponible en http://www.diputados.gob.mx/LeyesBiblio/pdf/LCNH.pdf

LUCAS, Robert (1976). "Econometric Policy Evaluation: A Critique". Carnegie-Rochester Conference Series on Public Policy, pp. 19–46.

MAXQDA 10, El arte del análisis de textos, disponible en su versión gratuita en la página http://www.maxqda.com

MEJÍA, Arauz Rebeca, "Tras las vetas de la investigación cualitativa: perspectivas y acercamientos desde la práctica", Editorial ITESO, México, 1998

Ministerio de minas y energía de Brasil, http://www.mme.gov.br/mme

MOE, M. Terry, Political Institutions: The Neglected Side of the Story, Journal of Law, Economics and Organization, Vol. 6, Special Issue, Oxford University Press, 1990.

MORALES Isidro, Escalante Cecilia y Vargas Rosío, "La formación de la política petrolera 1970-1986", El Colegio de México, 1988.

MUELLER Dennis C., Public choice III. Cambridge and New York: Cambridge. University Press, 2003.

NOLL, Roger & JOSKOW, Paul, "*Regulation in Theory and Practice*", in Fromm (ed.) Studies in Public Regulation. (A review of the early literature.), 1981.

NORTH Douglass C., Institutions, Institutional change and economic performance, Cambrigde, University Press, 1990.

OCDE, "Relationships between Regulators and Competition Authorities", DAFFE/CLP, 1999.

OCDE, "Gobierno Corporativo y medidas del Consejo en Petróleos Mexicanos, evaluación y recomendaciones", 2010, disponible en http://www.pemex.com/files/content/informefinal_ocde_sept2010.pdf

O'DONNELL, Guillermo,"*Delegative Democracy*", Journal of Democracy, 1994.

OLSON Mancur, The Logic of Collective Action: Public Goods and the Theory of Groups, Harvard Economic Studies, enero, 1971.

OSTROM, Einor, "An agenda for the study of institutions." Public Choice, 1986.

OSTROM, Elinor, A Behavioral Approach to the Rational Choice Theory of Collective Action, The American Political Science Review, Vol. 92, No. 1, (Mar., 1998), pp. 1-22

PARSONS Wayne, Políticas públicas: una introducción a la teoría y la práctica del análisis de políticas públicas, Editorial FLACSO, 2007.

PELTZMAN, Sam "Towards a more General Theory of Regulation" Journal of Law and Economics 1976 19 (august), 211-240.

PETERS B. Guy, *El nuevo institucionalismo: Teoría institucional en ciencia política*, Barcelona, Gedisa, 2003

PETROBRAS, http://www.PETROBRAS.com

PETRÓLEOS MEXICANOS, http://www.pemex.com

PETRÓLEOS MEXICANOS, Informe anual 2007, Página electrónica de PEMEX, http://www.ri.PEMEX.com

PETRÓLEOS MEXICANOS, Reyes Heroles, Jesús, "Informe del director general", México, 1965

PIW 2008 Rankings, 1 de diciembre 2008. Petroleum Intelligence Weekly.

Presidencia de la República Federativa de Brasil, http://www.presidencia.gov.br/espanhol/

QUESADA Castro Fernando y GONZALEZ García José M., Teorías de la democracia, Barcelona, Anthropos, 1992, pp. 336.

Quintana Enrique, *Economía Política de la Transparencia*, Cuadernos de Transparencia, Instituto Federal de Acceso a la Información Pública (IFAI), 2008.

RUBISTEIN Ariel, Lecture Notes in Microeconomic Theory, Princeton University Press, (2006).

SAMPSON, Anthony, "Las siete hermanas: las grandes compañías petroleras y el mundo que han creado", México : Grijalbo , 1987.

SAMUELSON, Paul "Economía" McGraw Hill 1996

Secretaria de Energía, http://www.sener.gob.mx

Secretaría de Energía, "Estrategia Nacional de Energía", disponible en http://www.sener.gob.mx/res/1646/EstrategiaNacionaldeEnergiaRatificadaporelHCongresodelaUnion.pdf

Secretaría de Energía, Glosario de términos usados en el sector energético, Sistema de información energética, http://sie_se.energia.gob.mx/GlosarioDeTerminos/DICCIO_SSIE.pdf

Security Exchange Commission, http://www.sec.gov/

SHEPSLE Kenneth y Boncheck, Mark S., "Las fórmulas de las políticas. Instituciones, racionalidad y comportamiento". México, D.F.: Tauros, coedición CIDE, 2005.

SILVA Herzog Jesús, "Páginas escogidas", Universidad Autónoma de San Luis Potosí, Editorial Universitaria Potosina, 1982.

Sistema de Información Energética, con datos de la Secretaría de Energía, tomado de la página http://sie.energia.gob.mx/sie/bdiController

SMITH, Adam, "The wealth of nations", vol. II, Ed. Bosh, Barcelona, 1776.

SPILLER, Pablo, "Politicians, Interest Groups and Regulatoris: A Multiple Principals-Agency Theory of Regulation or "Let them be bribed"" Journal of Law and Economics Vol. 33 No. 1, 1990

STIGLER, Joseph "Theory of Economic Regulation" Bell Journal of Economics 1971 2 (Spring) 3-21.

STOCKEY, Edith y ZECKHAUSER, Richard "A Primer for Policy Analysis" Norton, 1978.

STRAUSS Anselm y CORBIN Juliet, "Bases de la investigación cualitativa. Técnicas y procedimientos para desarrollar la teoría fundamentada". Bogotá. Colombia. (2a. ed.).CONTUS-Editorial, Universidad de Antioquia, 2002.

Transparencia Internacional, "Informe global sobre la corrupción", 2009., http://www.transparencia.org.es

TRIBE, Laurence, "*Policy Science: Analysis or Ideology*", Philosophy and Public Affairs Fall, 1972.

TULLOCK, Gordon "The Welfare Costs of Tariffs, Monopolies, and Theft". Western Economic Journal 5, 1967, pág. 224–232

TULLOCK, Gordon. "The economics of special privilege and rent seeking", Kluwer Academic Publishers, 1989.

UGALDE, Luis Carlos, *Rendición de cuentas y democracia: el caso de México*, Instituto Federal Electoral, Cuadernos de Divulgación de la Cultura Democrática, 2002.

U.S. Energy Information Administration, http://www.eia.doe.gov/pub/oil_gas/petroleum/data_publications/company_level_imports/current/import.html

VELA Peón Fortino, "Un acto metodológico básico de la investigación social: la entrevista cualitativa", en Tarrés María Luisa (coordinadora), *Reservar, escuchar y comprender sobre la tradición cualitativa en la investigación social*, El Colegio de México, Miguel Ángel Porrúa Editor, 2008.

WEBER, Max, Economía y sociedad, F.C.E. México, 1997.

WEINGAST, Barry y Wittman, Donald "T*he Oxford Handbook of Political Economy* (Oxford Handbooks of Political Science), Oxford University Press, 2006

WESTBROOK, L., "Qualitative research methods: A review of major stages, data analysis techniques, and quality controls". Library and Information Science Research, 16, 241-245, 1994.

ZURBRIGGEN Cristina, "El institucionalismo centrado en los actores: una perspectiva analítica en el estudio de las políticas públicas", Revista de Ciencia Política, Volumen 26, No.1, 2006

Printed by Books on Demand GmbH, Norderstedt / Germany